U0005204

新鮮的尚好

30分鐘動手做健康醬

Amanda ◎著

31道果醬醬料、31道創意料理
讓你健康吃好醬

晨星出版

原來 DIY
果醬、醬料一點都不難

　　身為全家人健康掌舵者，我在食材的選擇上總是格外謹慎。每每面對賣場上琳瑯滿目的果醬、醬料類產品，翻到產品成分表，看到許多不太認識的添加物！即便深知孩子好愛吃麵包抹果醬，身為煮婦我還是會默默放回架上。

　　想要給孩子吃到新鮮、沒有添加物的果醬、醬料，除了自己動手做，似乎別無他法。Amanda 的新書《30 分鐘動手做健康醬》從最基礎的食材挑選、工具準備開始介紹，連天然果膠都能簡單自己做，讀完會恍然大悟——原來 DIY 製作果醬、醬料一點都不難。

　　誰說果醬只能拿來抹呢？醬料只能拿來沾呢？Amanda 在書中除了教大家製作果醬、醬料外，還不藏私地針對每一種果醬、醬料，分享她的創意料理，「果醬釀瓜果」、「椰漿芋頭飯」、「地瓜蘋果捲」……，每一道都讓人食指大動！最重要的，書內的果醬、醬料食譜，無論單方、複方，甜味、鹹味，每一種都低糖、低鹽。健康與美味兼顧，正是煮婦要給全家人的心意啊（眨眼）！

知名家庭生活類部落客 Amy's talk 愛米愛你

廚房不能沒有它！
《30 分鐘動手做健康醬》創造令人感動真滋味！

　　自從愛上手作料理，開始迷上親手烹飪的成就感，親近食材讓我發現天然健康的美味，遠遠勝過化學加工的假滋味，真實的味覺感動帶來無以倫比的喜悅，會讓人忍不住「啊～」好吃到說不出話、頻頻點頭。

　　吃假的食品等於欺騙陷害自己，吃真的食物才叫活著才是享受嘛！你說是不是？

　　最近閱讀了 Amanda 老師的新作《30 分鐘動手做健康醬》，那親手挑選食材、調配美好滋味的堅持，不僅符合現代人追求健康的需求，尤其在傳遞安心給每個人的心意裡頭，滿滿的全是愛與關懷，這份愛深深感動了我。

　　過去吃火鍋一定要沾的沙茶醬、無論拌麵配飯炒菜都會特別有滋味的丁香干貝醬、買炸薯條會忍不住多要幾包的蕃茄醬、早餐麵包喜歡塗的各式口味果醬……等等，自從食安風暴後變得越來越怯步、想吃又不敢多嚐，但是食物少了醬料又彷彿少了什麼，吃起來就是不夠味，想放心嚐的美味醬料到底上哪兒買？很頭疼對吧！

　　跟我一樣苦惱的你，有了 Amanda 老師不藏私教授的《30 分鐘動手做健康醬》，就等於擁有一本廚房聖典，花少少時間就能換來放膽吃的安心與美味，自己動手做更是樂趣多多，何樂而不為？學會了這些料理必備的美味祕訣，再進階學習食譜裡的創意料理，你就會懂「真實美味讓人感覺活著真好！」的快樂。

娜塔不邋遢部落格格主　娜塔 Nata

一本簡單、清楚，
在家裡就可以做的實用食譜

　　本貓是在部落客活動中認識 Amanda，她平易低調、溫和誠懇，而且會照顧人，在旅遊活動中大家都喜歡有她同行。

　　本貓一直很佩服會做菜的她。自己雖然愛吃，但卻不會下廚，只是說的一口好菜，但 Amnada 是真正懂得烹飪的高手。和 Amanda 一起出遊時，常常向她請教餐桌上佳餚的做法，她都會不厭其煩的為大家解說，讓我們增加不少料理實務的知識。

　　每次聽 Amnada 分享下廚，都可以感受到她對料裡的熱愛。從發想、買菜、實作到部落格分享，其實是段辛苦的過程，但她總是充滿熱忱、樂此不疲。這本《30 分鐘動手做健康醬》已是她的第二本食譜書了。她的食譜都很簡單、清楚，是大家平常在家裡就可以做的家常菜，實用性很高，看著看著本貓都想自己動手了。

　　本貓相信這本書可以幫助許多想學料理的人，本貓也祝福 Amanda 可以一直寫下去。

知名美食旅遊部落客 貓大爺

http://blog.xuite.net/maomi/Food01

可以好好蒐藏
的一本廚房料理書

　　認識 Amanda 在幾年前一起出遊，席間從言談之中學習知道許多烹飪小技巧，她是個很棒的台灣媽媽代表，從第一本書《30 分鐘，動手做醃漬料理》就讓我受益良多，對於我這個廚藝不精的媽媽馬上功力大增，猶如讀廚藝祕笈打通任督二脈一般。

　　很感謝 Amanda 邀請我為第二本新書寫推薦序，在食安不安全的台灣，不清楚果醬、調味料的來源，如果能從新鮮的食物製作開始來為全家人的健康把關是在好不過的。在書中從製作的材料、作法、保存方式、甚至可以運用在烹飪菜餚都解釋的相當清楚，就像是自己的媽媽在耳邊告訴你做法，照著操作一定會成功做出屬於自己的醬料。

　　以前冬天吃火鍋一定會到超市買沙茶醬，並不知道原來這自己動手做如此簡易，練習上手後的果醬款也可以依照喜好調整出自家的習慣與口味，讓家人在家就能享用自家牌安全醬料，不僅吃的安心，也照顧全家人的健康，有了這本《30 分鐘動手做健康醬》，讓您也能輕鬆做出各式醬料，送禮、自用兩相宜。

知名美食旅遊部落客 Vivi

http://www.viviyu.com/about

每個食譜
都保有 Amanda 的認真態度

　　2013 年年初，我邀請出第一本食譜書《30 分鐘動手做醃漬料理》的作者 Amanda，到我的廣播節目「人生廚房」中，暢談她對於做料理的熱情；她說，每每遇到壓力大的時候，她的舒壓方式就是進廚房做菜，她發現，自己深受愛下廚的父親影響，才會這麼愛做菜。儘管 Amanda 的父親，2013 年中秋辭世了，但之前能看到愛女傳承了他的手藝、出版了這本精彩的食譜書，我想，他老人家應該也會感到非常安慰！

　　生長在屏東九如農家的 Amanda，有著農家子弟的堅毅特質，2014 年再接再厲出了這本《30 分鐘動手做健康醬》，每道食譜都保有 Amanda 的認真態度，不但有 Amanda 每個醬料的製作心得，還加了她的創意料理。我照她的配方調出的花生芝麻醬，是今年盛夏拌涼麵、做涼拌菜，最常運用的醬汁。

　　書中不但有能炒飯拌麵的鹹醬，連家鄉出產香蕉、檸檬、香草的 Amanda，做起手工果醬，也令我刮目相看，如今香味層次豐富、不膩滑潤順口的香蕉鳳梨薄荷醬，已是我最愛抹在吐司上的天然美味果醬了。

　　除了手藝好，我最佩服 Amanda 的是，2006 年 40 歲時，她給兒子買了電腦，自己也從電腦門外漢的開機學起，在慢慢摸索中，讓喜愛寫作的她，找到一個發表食譜的園地，她非常認真的經營自己的部落格，把烹飪心得、食譜配方 Po 上網，得到越來越多的粉絲，且榮獲經濟部資策會「第四屆部落客百傑美食類銀牌獎」。

　　好學、認真，在烹飪上充滿創意的 Amanda，在這本書中分享了她所有做醬的心得和心情，我或許沒辦法全照著自己做，但光看食譜，我吸收更多的醬料知識，知道如何運用醬料做出美味料理，我感受到作者的美好用心，謝謝妳 Amanda ！

資深美食記者
傅培梅公益信託執行長
潘秉新

Contents

【序一】原來 DIY
果醬、醬料一點都不難…2

【序二】廚房不能沒有它！《30 分鐘動手做
健康醬》創造令人感動真滋味！…3

【序三】一本簡單、清楚，
在家裡就可以做的實用食譜…4

【序四】可以好好蒐藏的一本廚房料理書…5

【序五】每個食譜
都保有 Amanda 的認真態度…6

自己做果醬、醬料，一點也不難…10

準備工具要完善…14

天然果膠也能自己做…16

養生健康達人王康裕的蘋果膠食譜…18

Part 1

低糖健康果醬／20

【單方果醬】

Amanda 創意料理

22	葡萄果醬	葡萄果凍	25
26	檸檬果醬	檸檬肉餡薄餅	29
30	橘子果醬	橘子烤雞翅	33
34	巧克力醬	巧克力香蕉烤厚片	37

【複方果醬】

Amanda 創意料理

38	香蕉鳳梨薄荷果醬	厚片焗烤	41
42	百香芒果醬	果醬釀瓜果	45
46	情人果蜜桃醬	小朋友的派對點心	49
50	熱帶風情芒果鳳梨果醬	生菜沙拉	53
54	紅棗桂圓醬	紅棗穀米	57
58	焦糖寒天冬瓜醬	寒天冬瓜醬刨冰	61
62	蜂蜜柚子醬	柚醬香酥鮁魚	65
66	鳳梨冬瓜果醬	芋丸	69
70	鮮果銀耳醬	焗烤蘋果鮮凍	73
74	檸檬蘋果醬	水果沙拉棒	77
78	黑芝麻堅果醬	蛋香生菜吐司捲	81
82	椰漿堅果醬	椰漿芋頭飯	85

【後記】爸爸，你現在好嗎？…148

Part 2
低鹽美味果醬／86

Amanda 創意料理

88	沙茶醬	沙茶蒸肉丸子	91
92	花生芝麻醬	花生芝麻醬燒肉	95
96	麻辣醬	麻辣燒酸果豆腐	99
100	番茄醬	番茄濃湯	103
104	黑胡椒醬	鐵板炒麵	107
108	丁香干貝醬	干貝荷包吐司夾	111
112	蒜味辣椒醬	蒜辣海鮮蔬菜捲	115
116	糖醋醬	香酥雞塊	119
120	香菇海苔醬	海苔醬煎餅	123
124	大蒜奶油椰子醬	奶油醬烤鮮蝦	127
128	地瓜椰子醬	地瓜蘋果捲	131
132	香菇素蠔油	生菜香酥魚	135
136	泰式酸辣海鮮醬	酸辣生菜蝦捲	139
140	甜辣醬	醬拌鮮蚵	143
144	蘑菇醬	醬蒸豆腐	147

自己做
果醬、醬料
一點也不難

「天然ㄟ，尚好！」這句話應該是最近「使用率」最高的一句話！

是啊，不管是什麼食材，天然的、新鮮的、當季的一定是最好的，如果要做果醬，選材就一定要新鮮，但是，超市裡的果醬保存期限往往好長，大家難道都不會懷疑裡面到底加了什麼嗎？

「做果醬？太難了吧！」「我哪有時間自己做啊，用買的比較快啦！」「自己做的萬一不好吃怎麼辦？」……如果想要吃到新鮮，且沒有任何添加物的果醬，自己動手做是唯一的方法，至於難度嘛，只要開始動手做，你就會發現，真的一點都不難。明天起，早上麵包的果醬就自己來吧。

STEP 1
挑適合的食材

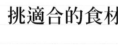

· 沒傷沒爛的熟水果

挑選成熟水果，注意是否壓傷或腐爛，外表損傷的果實會影響果醬製作品質。

· 海鮮乾貨類（干貝、開陽、蝦皮、魚乾）仔細選：

1. 聞氣味

腥味過重表示不新鮮或者保存不當，有藥味、嗆鼻味，這代表極可能添加化學藥劑或是防腐劑。

2. 看色澤

顏色太白或太過鮮豔，不是漂白就是添加色素，蝦皮容易過白，開陽時常變成深橘色。

· 乾香菇菇面要完整

菇面完整且帶有香氣，菇柄短，背面顏色淺黃。若是菇面缺口多且菇背為咖啡色，即可斷定已經擺放很久。

若無香氣是品質差的香菇，若還有異味，就可能是保存不當或是浸泡對身體有害之藥物，千萬不要選購。

· 辛香料（大蒜、紅蔥頭、辣椒）的表皮很重要

大蒜及紅蔥頭須外皮完整，注意表皮是否變黑或發霉，按壓結實不軟爛。辣椒必須是表皮鮮豔有光澤，顏色變黑濕軟則是即將腐爛的徵兆。

· 花生千萬不能黑

容易產生黴菌滋生黃麴毒素，除了販售環境更須注意胚芽點是否變黑，以及產生霉味。雖然沒聽過花生染色，但還是要注意表皮必須光亮且顏色自然。

· 黑芝麻並非全黑

成熟時期不一，天然黑芝麻大部分是自然黑色極少部分為深咖啡、淺咖啡色，如全部深黑就得注意極可能經過染色，比較不建議購買，當然也可聞味道，用手搓揉是否掉色再決定。

· 地瓜要注意重量

手掂有重量且扎實，表皮平整顏色均勻，有深色黑點時聞聞是否有異味，以免內部已經有臭爛情形。

· 蘑菇別買到漂白

容易變黑因此常有漂白情形，購買時如果顏色一致且非常白，大多能確定是經過漂白。

· 桂圓最好到中藥行買

也可在超市或中藥行購得，盡量選購包裝完整明顯標示商家行號，製造日期及保存期限也要清楚，目測包裝內桂圓不要有潮濕情形。

STEP2
確認食材的味道

· 試吃味道再做

水果因為季節及品種會有酸甜度的差異，製作果醬前先試吃再決定糖分的增減，才能避免熬煮完成的果醬過甜或是太酸難以入口。有些水果偏甜，喜愛酸口味可適量添加檸檬汁。不喜愛果醬太過於甜膩，除了加檸檬汁，亦可添加微量鹽巴減少甜膩感。

· 注意鹽及醬汁用量

海鮮乾貨類大部分是曬乾保存，因此使用干貝、開陽、蝦皮及魚乾，除了清洗有些還要浸泡瀝乾水分再使用。

海鮮乾貨多少帶有腥味，必須添加蒜頭、薑等辛香料才能降低腥味、增添鮮的香氣。

乾燥菌菇須清洗浸泡。

海藻類則泡開之後再洗較容易洗淨海砂。

蔬果類只要清洗乾淨瀝乾即可。

注意小細節才能延長保存期

· 控制食材水分

含水量高的水果盡可能預先糖漬出水，這樣才能節省時間、節省能源，盡量把水果原有的水分熬煮出來，水分越少越容易儲存，才能延長果醬保存期。

· 醬料食材使用方式：

1. 堅果類若是散裝，必須經過清洗烘烤乾燥方能使用。

2. 新鮮菌菇及蔬菜，清洗乾淨瀝乾水分即可使用。

3. 乾燥品如香菇及海帶芽則清洗泡開即可。

4. 海鮮乾燥品都必須經過數次清洗，部分須泡開方能使用，製作前都必須將水分瀝乾，或是低溫烘乾水分。

5. 不經烹煮的醬料食材若清洗過，先晾乾水分再低溫烘烤至乾燥，如此方能防止腐敗。

· 糖和鹽一樣重要

糖可防腐必須添加，但不宜過量，以免對身體造成負擔，自己製作果醬若能注意容器工具的清潔衛生，至少都能保存三個月，這是比較保守估計，有時還能保存五個月。

鹽一樣有防腐作用，蔬菜及新鮮菌菇水分多，一開始別加太多鹽，熬煮過程會逐漸流失水分成濃縮狀態，特別注意鹽比重太高就無法補救了。

堅果類水分少只帶有淡淡甘甜味，或是加鹽或加糖都能延長保存時間，原味不加調味亦可，只要烘烤乾燥注意製作環境，瓶罐消毒完全。

而海鮮乾貨原本就屬於海產類帶有鹹味，浸泡後依然會有鹹味，所以鹽或醬油用量的拿捏更須注意避免過量。

準備
工具要完善

本書中使用的器具大部分都可在五金行或生活賣場購得，兩個攪拌小家電也是必備品，有少部分果醬或醬料會需要用到。

厚製多層不鏽鋼鍋

市售價格低廉不鏽鋼鍋大多只有三層白鐵，這種鍋不適合熬煮果醬，因為果酸加熱容易釋出毒素而且也容易沾鍋甚至燒焦。
要選購鍋身厚實有重量五層以上不鏽鋼鍋，才適合熬煮果醬與醬汁，就不會有上述這些問題。

耐熱陶瓷鍋

陶瓷鍋耐熱也耐酸最適合熬煮果醬，不過使用完要當心，別馬上沖冷水易造成鍋子爆破。

木勺或不鏽鋼湯勺

不論是熬果醬或醬料，都必須隨時攪拌避免沾鍋甚至燒焦，不鏽鋼製及木製湯勺皆耐熱也不怕酸，更不會釋出毒素。

棉布袋及漏勺

過濾果渣時一定要用更細密的工具，織布越細密越好，一般都標示為豆漿袋，而紗布的洞太大則不適合。
漏勺有粗孔即細網，視情況挑選使用。

煮玻璃瓶 ⋯⋯

玻璃瓶

裝果醬及醬料的玻璃容器必須有一定的厚度，因為太薄遇熱容易爆破，而瓶蓋也需是能煮耐熱的金屬材質。

蒸煮鍋

蒸煮玻璃瓶消毒用，選擇容量夠深的湯鍋即可。

調理機或攪拌器

攪拌堅果及柴魚片都需要用到，選擇夠鋒利的鋼刀較安全也較能研磨更細緻。

果汁機

需要攪拌或打碎水果，用一般果汁機即可。

磅秤、量匙、量杯

不管是水果或調味料，製作果醬及醬料，都需準確拿捏重量及使用量。

天然果膠
也能自己做

事實上，蘋果、柑橘類的外皮，都可以熬果膠，而且一點也不難，在這裡我以用途最廣泛的蘋果做例子，學起來自己做天然果膠，不用靠化學果膠，也能做出美味可口的果醬。

蘋果果膠製作

任何一種蘋果都可以用來製作蘋果膠，但就我的經驗，我還是覺得青蘋果的膠質最豐富，製作完成經過冷藏會發現，一整罐全是濃稠的果凍狀，這麼天然的果膠還可以給小朋友當果凍吃，非常健康安全。

使用任何一種紅蘋果，熬煮後雖然一樣能感覺黏稠的膠質，但凝固效果還是差一些，因此建議購買青蘋果熬煮效果會更好，只是青蘋果產季在冬天，其他季節如需要果膠時，用紅蘋果來熬煮也是可以接受的替代方案。

煮好的果膠隨時可以搭配熬煮果醬使用，不再擔心部分水果熬不出膠質無法成形，短時間不煮果醬時，只要冰箱還留有果膠，也可當果凍吃。

製作前一定要記得

青蘋果是進口水果，表皮可能含有蠟，因此，使用前建議先用刷子刷洗過，多清洗幾次，如此一來，即便不去皮、不去籽，也可以直接用來煮果膠。

蘋果視大小而定，一顆添加的水約 170-220cc，煮熟蘋果用棉布袋自然過濾出蘋果汁，接著再熬出果膠，一顆蘋果熬煮約十至十二分鐘，兩顆約二十至二十五分鐘，以此類推。

這次買的青蘋果不是很大，算中型尺寸，水 600cc 勉強能淹蓋過，為避免蘋果煮不夠熟軟，所以我會多加 100cc 的水。

材料：

青蘋果 3 顆、糖 50g、水 500-700cc、
檸檬汁 2 大匙

作法：

1. 青蘋果刷洗乾淨，多沖幾次活水，不去皮、
   不去籽，切開。**A**
2. 以厚鐵鍋盛水，水量視蘋果大小，中型 1 顆
   約 200-230cc，小型約 170-200cc。
3. 為避免氧化，切好的蘋果塊需立即放入水中
   浸泡。**B**
4. 將切好的蘋果塊放入電鍋，外鍋加 2 杯水，
   按下開關燉煮至蘋果熟軟。
5. 取一過濾豆漿的紗布袋，將煮軟的蘋果倒入
   過濾出果汁。**C**

POINT ————————
棉布袋擺放漏勺上自然濾出果汁，最後再輕輕按
壓出殘餘果汁，千萬別過度擠壓反倒擠出果渣。

6. 過濾完成的果汁再次倒入厚鋼鍋，加入砂糖
   跟檸檬汁，開小火熬煮。**D**
7. 隨時注意熬煮水量，盡可能持續攪拌避免沾
   鍋，熬煮至果汁逐漸變濃稠。**E**
8. 測試果膠是否完成。鍋底刮開果汁出現緩慢
   幾乎不流動即完成。或者取一杯水，滴入果
   汁如果馬上凝固即完成果膠熬煮。
9. 趁熱取蒸過殺菌完成的玻璃瓶，填裝，蓋上
   瓶蓋，倒扣十分鐘，使罐子成真空狀態，罐
   子翻轉回來。
10. 靜置涼透後移入冷藏室。

養生健康達人王康裕的蘋果膠食譜

「一天一蘋果，醫生遠離我」，煮熟的蘋果，比生鮮的蘋果威力更強大。為甚麼呢？根據醫學界研究及養生專家們的推崇，烹煮過的蘋果才能把蘋果膠煮出來，這份果膠對身體健康非常有幫助。

養生專家王康裕先生每日食用蘋果膠保健身體，也教導學生如何自製蘋果膠。

這篇蘋果膠製作方式是經由他授權，王康裕老師是採用 OEC 鍋烹煮。蘋果洗淨後，不削皮，不加水，放入碗裡，置於電鍋保溫十分鐘，再改用 OEC 鍋，使用 85 度四十分鐘燜熟。

但是這種 OEC 鍋並非家家都有，因此我改用大眾化的電鍋直接蒸煮，時間不必太久，蒸好的蘋果剛好熟軟也釋放出膠質。

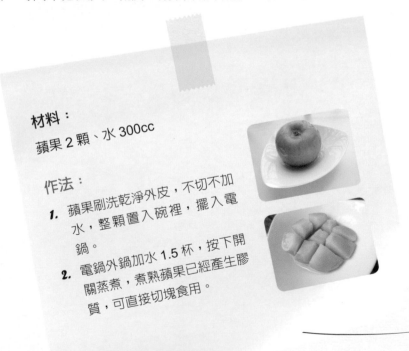

材料：
蘋果 2 顆、水 300cc

作法：
1. 蘋果刷洗乾淨外皮，不切不加水，整顆置入碗裡，擺入電鍋。
2. 電鍋外鍋加水 1.5 杯，按下開關蒸煮，煮熟蘋果已經產生膠質，可直接切塊食用。

蒸熟後另一食用方式是採用打汁：

1. 取出蘋果冷卻，切除蒂頭及籽，果肉連皮置入果汁機，加水 300cc 打成泥狀。

2. 亦可榨胡蘿蔔原汁及其他果汁代替水，營養更是滿分。

PART 1

低糖健康果醬

【單方果醬】

·　葡萄果醬

·　檸檬果醬

·　橘子果醬

·　巧克力醬

【複方果醬】

·　香蕉鳳梨薄荷果醬

·　百香芒果醬

·　情人果蜜桃醬

·　熱帶風情芒果鳳梨果醬

·　紅棗桂圓醬

·　焦糖寒天冬瓜醬

·　蜂蜜柚子醬

·　鳳梨冬瓜果醬

·　鮮果銀耳醬

·　檸檬蘋果醬

·　黑芝麻堅果醬

·　椰漿堅果醬

【單方果醬】

葡萄果醬

　　葡萄一直是我的最愛,尤其是台灣葡萄,記得聯考那一年,父親載著我去吃午餐,回程還為我買了一串葡萄,當時的我手裡提著那一串葡萄心裡真是開心,爸爸雖不是第一次為我購買東西,卻是第一次單獨跟他上市場,而且那時節的葡萄價格可不便宜。

　　現在農業精緻化,品質自然更優質,每次買回一大串不消幾分鐘就讓我給吃光了,天氣熱時更愛把葡萄放置冷凍庫做葡萄冰球,清涼又消暑。尤其適逢盛產季節,更是一大箱一大箱的買回家,即便一時之間吃不完,也能趁新鮮熬製成果醬,台灣葡萄甜度高,熬果醬雖得一一去皮,但難度也不高,只需輕輕一捏果實就會跳出來。

　　雖然葡萄的果肉是綠色的,不過要熬成像市售果醬一樣的漂亮紫色並不難,只需將果皮的汁液加入,就有這個效果,而且完全不需添加任何色素或香料。不過我不建議熬煮果皮,因為果皮的澀味會讓果醬的口感大大扣分。

材料：

葡萄 1200g、紅冰糖 2 - 2.5 大匙
檸檬汁（依個人喜好）

作法：

1. 葡萄洗淨，瀝乾水分，剝除外皮。葡萄皮留
下備用。Ⓐ、Ⓑ、Ⓒ

2. 葡萄果肉切開去籽。再將葡萄皮擠出紫色汁
液。

3. 去皮及去籽完成後，此時葡萄分泌出的果汁
已經不少了。

4. 添加冰糖，直接擺放爐子上，開中小火煮開，
不改火繼續熬煮，將泡沫撈除，用木匙偶爾
攪拌。Ⓓ

5. 水分熬到剩一半分量，改小火，木匙持續攪
拌避免沾鍋。Ⓔ、Ⓕ

6. 熬煮到湯汁變得濃稠，水分非常少幾乎收
乾。此時果醬已經是漂亮的紫色。Ⓖ

7. 推果醬到鍋子一端不會再流回去，即表示果
醬濃稠度足夠。Ⓗ

8. 加入檸檬汁拌勻，再煮約十秒，熄火。

9. 取蒸過殺菌完成的玻璃瓶，填裝，蓋上瓶蓋，
倒扣十分鐘，使罐子成真空狀態，再將罐子
翻轉回來。Ⓘ

10. 等候涼透置入冷藏室即可。

保存期限：
玻璃罐成真空狀態，冷藏未開罐
保存期三個月。
開罐後保存期一個月，請用乾燥
器具取用，每次取用完畢請將玻
璃罐口擦拭乾淨。

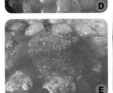

Amanda 的製作小撇步：

葡萄快速去皮法

兩根手指拿著葡萄輕輕一擠就能擠出果實，或者先
撕除一角外皮，再擠壓一樣能輕易取出果實。外皮
及籽都帶點澀口，因此必須去除乾淨。

Amanda 創意料理

葡萄果凍

紫色葡萄果醬顏色誘人，也是孩童較能接受的水果之一，因此創意料理我會選擇他們喜愛的果凍。

市售果凍為了增加Q彈口感，除了海藻還會增加許多食品添加物，自己吃當然要選擇健康，我採用兩種海藻搭配，口感偏軟Q而不是硬Q，比較不必擔心小朋友會噎到。

果凍微微酸甜，冰鎮涼透口感跟味道更好，別說是小朋友喜愛，大人也會跟著搶食。

材料

葡萄果醬	5 大匙
洋菜條	7-8g
泡發珊瑚草	50g
水	500cc
檸檬汁	1 匙

作法

1. 先將洋菜條加水浸濕。再將處理好的珊瑚草與洋菜條置入果汁機，加水打碎。

2. 倒入鍋內，中小火煮開，一開始煮就得攪拌免得沾鍋。

3. 朝同一個方向慢慢攪拌才不會產生氣泡，熬煮液體濃稠呈現光滑細緻。

4. 將洋菜煮至完全溶化沒有顆粒，加入葡萄果醬拌開，試味道再看是否需要再加少許糖調味，熄火前加入檸檬汁。

5. 取一模型慢慢倒入煮好的醬汁，避免泡泡太多，小湯匙撈出表面小泡沫，等待冷卻擺入冷藏室冰凍。冰鎮過後果凍會更加美味。

美味加分 1/2 的水量可使用新鮮葡萄汁替代。

檸檬果醬

【單方果醬】

　　我天生就愛吃酸，吃水果常挑有酸味的，夏天回娘家時，也會特地到果園摘青芒果吃，而檸檬的香味及酸味更是我的最愛，自從爸爸把稻田改成檸檬果園，我便常常能吃到新鮮無毒的檸檬。

　　也不知道是不是因爲檸檬太酸的關係，我還眞的沒在市面上見過檸檬果醬，但如果你跟我一樣喜愛酸味水果，那就一定不能錯過這道果醬，只是這道果醬的主角，可不是檸檬汁喔，而是大家不常用的檸檬皮。

　　檸檬大多只食用果汁，汁榨完就丟掉果皮及果渣，感覺利用價值不多，印象中也只有在西餐料理中，才會見到廚師刨削果皮作點綴、提升香氣。

　　然而，柑橘類果皮含有大量的果膠及精油，綠色果皮並不會苦，眞正散發苦味的是內部白色海綿體，那是因爲含有對身體有益的檸檬苦素類化合物，這種成分主要存在於芸香科植物的果實中，而果皮含有精油成分反而有著濃郁清香。

　　一天，正巧聽弟媳談論老師教的養生飲品，就是用檸檬皮沖泡的，我喝上一杯就此愛上這道飲品，因此熬果醬時便考慮把它加入，果然，完成後的果醬很可口像蜜餞，不過也酸。

材料：

有機檸檬 2 斤、冰糖 2-2.5 大匙、果膠 2 大匙、
蜂蜜 3 大匙

作法：

1. 檸檬刷洗乾淨外皮，活水沖洗一會兒。用削皮刀削下外層綠皮，盡量別削到白色海綿體。（或是用小刀切下蒂頭，等距離劃開表皮，蒂頭處用刀劃一圈白色海綿體，使用小鐵湯匙推開外皮，取下。）**A**、**B**

2. 檸檬皮泡水兩小時，使用鐵湯匙刮除海綿體，削皮刀取下的則可省略這步驟。

POINT

白色海綿體跟籽都是苦味的來源，因此製作果醬必須去除乾淨，不然會影響果醬的味道。

3. 綠色果皮秤重 150g 切成細絲。果肉榨汁 300cc。**C**

4. 煮開水汆燙綠皮絲一分鐘，撈出再沖水瀝乾。

5. 綠皮、檸檬汁與冰糖置入耐酸陶瓷鍋，中大火煮開，改小火熬煮。**D**

6. 一開始水分多偶爾攪拌即可，煮至水分剩 1/3 就得時時攪拌免得沾鍋或燒焦。**E**、**F**

7. 鍋底水分剩不多時，加入果膠、蜂蜜繼續熬煮至湯汁變得黏稠不流動。

8. 可再加入 1 大匙檸檬汁煮開，即刻熄火。

9. 取蒸煮殺菌完成的玻璃瓶，填裝，蓋上瓶蓋，倒扣十分鐘，使罐子成真空狀態，罐子翻轉回來。**G**

10. 玻璃瓶完全涼透，置入冰箱冷藏。

Amanda 的製作小撇步：

1. 選材：選擇有籽檸檬，香氣較濃，掂掂果實重量要沉，果實才會飽滿含水量高。
2. 清洗：使用的是檸檬果皮，如果使用非有機水果，可能有農藥殘留，刷洗外皮後，用 1 匙小蘇打粉加水 1000cc，檸檬放入浸泡二至五分鐘，取出再漂洗兩次，活水沖洗數分鐘。

Amanda 創意料理

檸檬肉餡薄餅

做這道果醬時我只想到檸檬皮的營養成分還有精油香氣，果醬也真的很香不過也酸，嘴饞時挖一勺吃真的好過癮。果醬做甜食，抹吐司、泡茶喝都不稀奇，想起檸檬魚加了檸檬汁，拿來做鹹食味道應該很奇妙吧，有了這個構想馬上試作。

如果把這酸溜溜微甜果醬拌入肉末會是甚麼滋味呢？試做後發現真的如我想像，酥香外皮，內餡幾乎吃不到酸味，反而增添檸檬香很清爽，倒讓我一片接一片停不了口。

材料

檸檬醬	1 大匙
細絞肉	150g
蒟蒻絲	50g
麵包粉	2 大匙
雞蛋	1 顆
鹽	1/4 匙
小餛飩皮約	150g
醋	1 大匙

作法

1. 煮開 1 碗水加入 1 大匙醋，蒟蒻絲加入，中火煮十分鐘，去除鹼味，撈出放涼。

2. 細絞肉再用刀剁一下增加黏性。蒟蒻絲加入切碎。

3. 雞蛋去殼加入絞肉、鹽、檸檬醬一起攪拌，麵包粉分兩次加入，拌勻吸收蛋液水分。

4. 1 片餛飩皮抹上約 1/2 匙肉餡，抹平，餛飩皮邊緣必須空白，再將餛飩皮斜角對折成三角型，按壓推平肉餡。

5. 平底鍋起鍋，開小火倒入 1 至 2 匙油，做好的薄餅放入煎熟，兩面都呈金黃色即可。

【單方果醬】

橘子果醬

　　媽媽給我取了個「果子狸」的稱號，這可不是喊假的，我嗜吃水果，喜愛的水果種類多到數不清，其中，柑橘類水果也是我的最愛之一，多汁微酸中又帶點甜甜的滋味，就是連吃兩大顆也不嫌多。

　　柑橘類外皮富含精油，一剝開橘子皮就能聞到好香的橘子精油味，外皮帶有濃厚膠質可熬煮果膠，橘皮也是製作陳皮的食材，還能加工作成酸甜口味蜜餞。

　　熬果醬不僅只使用果實，有時果皮風味更勝果實，柑橘類果皮就是如此，不論是熬果醬或是做蜜餞，添加果皮多了精油香味也更好。

　　不知是否有人和我一樣，柑橘類加工後，熱愛果皮更甚果實呢？這一道是果實加果皮，單用果皮熬煮可作成果膠，熬煮沒有果膠的水果可做添加。

　　水果初期酸味重，盛產後逐漸變甜，熬煮果醬前最好先試吃是否過酸，再決定糖的用量，以免熬出一鍋超酸或超甜果醬。

材料：

橘子 1000g、冰糖 4 大匙、檸檬汁 1 大匙

作法：

1. 橘子刷洗乾淨外皮，活水沖洗乾淨，瀝乾水分。

2. 小刀輕劃開外皮，剝下橘子皮，浸泡水裡 2 小時。鐵湯匙刮除橘皮內部白色部分。橘皮切細絲。、、

4. 煮一鍋水汆燙橘皮三至五分鐘，撈出浸泡冷水十分鐘，再換一次水浸泡去除辛辣味。橘子果肉去除外面薄膜，去籽。、

5. 果肉擺入陶瓷鍋加冰糖浸漬四至六小時出水。

6. 果肉加入橘皮絲，擺放爐子，開中火煮，邊煮邊攪拌按壓果粒出水，水滾即改為中小火。

7. 熬煮約二十分鐘見湯汁開始減少即改成小火。

8. 約略熬煮三十分鐘汁液逐漸變少，得隨時攪拌避免燒焦。

9. 最後熬到濃稠幾乎沒有汁液，加入 1 大匙橘子汁或檸檬汁，拌勻再煮一分鐘熄火。

10. 取蒸過殺菌完成的玻璃瓶，趁熱填裝，蓋上瓶蓋，倒扣十分鐘，使罐子成真空狀態，罐子翻轉回來。

11. 等候涼透置入冷藏室。

Amanda 的製作小撇步：

1. 選材：橘子挑選沉重的比較多汁，果肉較為細緻口感也比較好。
2. 處理：去除果肉外的薄膜需要花一點時間，去籽必須完全否則會影響口感。果肉也可以置入調理機打碎再熬煮。

橘子烤雞翅

橘子醬與柳橙果醬都是柑橘類因此味道很相近，熱愛柑橘類水果的我在找不到水果吃時，總愛挖上一匙果醬解饞，這樣美味的果醬當然怎麼使用都好吃。

吐司、鬆餅，餅乾夾心，光想就口水直流，想起西式料理常有橙汁烘烤的禽肉，嘗試將橘子醬拿來烘烤雞翅。

果醬雖是微甜畢竟還是帶有糖分，烘烤時容易焦，且果肉也不適宜長時間烘烤，因此最後才加上果醬，且採用短時間烘烤，就能烤出與眾不同的口感喔。

材料

橘子醬	1.5 大匙
兩節雞翅	4-5 隻
鹽	1/4 匙
薑汁	1/4 匙
胡椒粉	少許
檸檬	1/2 顆

作法

1. 雞翅洗淨，用刀背把關節部位敲斷，在肉比較厚的部位劃上一刀。

2. 薑汁、鹽、胡椒粉均勻拌入雞翅，醃漬半小時。

3. 烤箱上下火全開，200 度預熱五分鐘，雞翅擺入烘烤二十五至二十八分鐘。

4. 雞翅上面刷上一層橘子醬，再烘烤五至七分鐘。

5. 取出雞翅擺盤，用摩擦板刷上少許檸檬皮，食用時再擠少許檸檬汁。

附注 各家烤箱溫度不一，請視情況再調整溫度及時間。

巧克力醬

【單方果醬】

　　巧克力有一種讓人難以抵擋的迷人魔力，不僅小孩子喜愛，幾乎任何年紀的女士們也熱愛巧克力，偶爾想吃甜食我也會選擇巧克力，有人說它熱量高，其實主因是添加砂糖、奶油所造成的。

　　如果可能的話，盡量選擇黑巧克力，熱量會比一般的巧克力低，喜愛巧克力醬可以自己熬煮，配料用量較能夠控制巧克力熱量，滿足口腹之於也不增添脂肪量。

　　純巧克力到哪購買呢？如果你也喜愛烘焙，應該知道有好多地方都能能找到食品材料行，目前有些超市也能買到標榜純巧克力，不過要注意百分比，有些只到達 72%，而且還可能含有蔗糖。

　　雖說苦甜巧克力熱量低，但可別以為就能因此大量食用，以食物來比較熱量還是很高，淺嚐即可，再美味的食物還是得控制食用量。

保存期限：

玻璃罐成真空狀態，冷藏未開罐保存期三個月。

開罐後保存期一個月，請用乾燥器具取用，每次取用完畢請將玻璃罐口擦拭乾淨。

材料：

無糖純巧克力磚 100g、可可粉 5 大匙、
無鹽奶油 10g、鮮奶油 200cc、白砂糖 2 大匙

作法：

1. 巧克力磚切小塊，可可粉過篩。**A**、**B**

2. 巧克力磚、無鹽奶油擺入鋼鍋備用。**C**

3. 另準備一個鍋子加水燒開，熄火。裝巧克力的鍋擺入熱水中，隔水加熱不必開火。**D**

4. 順時針攪拌融化的奶油及巧克力，動作別太大，免得冒出氣泡，慢慢攪拌均勻，端出巧克力鍋擺室溫下。**E**、**F**

5. 另備一小鍋加入鮮奶油、砂糖，小火加熱，輕輕攪拌，鮮奶油溫度上來冒熱煙即刻熄火。**G**

6. 鮮奶油分批少量倒入融化巧克力中攪拌，最後加入可可粉攪拌均勻。**H**、**I**

7. 取蒸煮殺菌完成的玻璃瓶，填裝，蓋上瓶蓋，倒扣十分鐘，使罐子成真空狀態，罐子翻轉回來。**J**

8. 玻璃瓶完全涼透，置入冰箱冷藏。

Amanda 的製作小撇步：

巧克力塊一定要隔水加熱，溫度過高容易造成油水分離。

攪拌動作要輕，除了避免起泡泡，也能增加巧克力亮度。

巧克力香蕉烤厚片

可可奶跟巧克力醬想必是許多孩子最愛餐點及下午茶點心，每回問小侄子（女）們想吃甚麼早餐，總會得到「巧克力厚片吐司」的答案，怎麼都吃不膩啊。

單獨塗抹巧克力醬吃膩了嗎？試著加上幾片水果吧，不僅只是味道不一樣，又多了水果的香甜，再灑上繽紛的巧克力米，是不是看起來更加美味了呢？

偶爾想喝個熱可可，也可挖個一、兩勺巧克力沖熱開水，香濃又不甜膩，而且這一杯不但能讓你安心喝也很便宜呢。

材料

厚片吐司	2 個
香蕉	1 條
巧克力醬	2 大匙
巧克力米	1 匙
檸檬汁	1 匙

作法

1. 檸檬汁加水 200cc 拌勻。

2. 香蕉去皮，斜切 0.1-0.2cm 薄片，泡入檸檬水兩分鐘預防氧化變黑。撈出香蕉片瀝乾。

3. 吐司均勻抹上一層巧克力醬，擺上香蕉片。

4. 置入小烤箱，烘烤四至六分鐘，讓巧克力醬融化飄出香氣即可。

5. 取出吐司，灑上適量巧克力米。

附注　沒有巧克力米也可灑上少許堅果碎顆粒點綴。

【複方果醬】

香蕉鳳梨薄荷果醬

　　台灣種植的香蕉不但口感Q、香氣濃、甜度也高，打果汁根本不大需要額外的糖分，不過熬煮果醬就需要砂糖防腐，因此還是必須適量添加。

　　香蕉雖如其名帶有濃濃香味，但是經過加熱味道會有些差異，搭錯水果很容易產生臭酸氣味，這一點真的很特別，選擇水果得注意。

　　而微酸水果能中和甜味比較不膩，選擇鳳梨搭配就有這些作用，這兩款香氣特別搭，可以說是香氣倍數成長。

　　不論是打果汁、做蛋糕或煮果醬，取用完全成熟的香蕉才有濃厚香氣及甜味，一加熱馬上就完全像鵝黃色軟泥，因此熬煮也必須特別當心，想保留香蕉形狀有些難度，除了攪拌動作要輕之外，也要控制盡量別熬煮太久。

　　我在後陽台種植薄荷，偶爾會應用在料理中，覺得這道果醬很適合，因此也摘了幾片加入，果香中多了香草風味更清爽。

材料：

香蕉 4 條、鳳梨半顆、冰糖 2 大匙、
檸檬汁 2 大匙、薄荷葉 3 片

作法：

1. 鳳梨去皮，鳳梨眼挖除乾淨，去皮後秤重約
   400g。香蕉去皮，秤重約 300g。薄荷葉洗
   淨，切細末。Ⓐ

2. 鳳梨果肉切成八等份，切下鳳梨心。果肉切
   薄片再切細絲，加碎冰糖拌勻，糖漬半小時
   出水。Ⓑ、Ⓒ、Ⓓ

3. 鳳梨心切塊，放入果汁機，加水 100cc 打成
   汁。

4. 香蕉切薄片，加入 1 大匙檸檬汁輕輕拌勻，
   此為避免氧化變黑。Ⓔ

5. 鳳梨汁加入鳳梨果肉，開大火煮開，改中火，
   熬煮時飄出浮末必須撈除。如果見到飄出黑
   點，那是鳳梨籽，也一併撈除。Ⓕ、Ⓖ、Ⓗ

6. 再煮至鳳梨汁剩下 1/4，加入香蕉片，輕輕
   攪拌。Ⓘ

7. 繼續熬煮到湯汁剩下 1/5 也變得濃稠，加入
   檸檬汁、薄荷葉，再煮開即熄火。Ⓙ

8. 取蒸煮殺菌完成的玻璃瓶，填裝，蓋上瓶蓋，
   倒扣十分鐘，使罐子成真空狀態，罐子翻轉
   回來。Ⓚ

9. 待溫度完全降低置入冰箱冷藏保存。

保存期限：

玻璃罐成真空狀態，冷藏未開罐
保存期三個月。
開罐後保存期一個月，請用乾燥
器具取用，每次取用完畢請將玻
璃罐口擦拭乾淨。

Amanda 的製作小撇步：

香蕉必須選擇熟成不軟爛，太過熟也不適合熬煮果
醬，容易產生不好的氣味。
鳳梨必須去皮完全，鳳梨眼也必須去除乾淨。
如果沒有種植薄荷葉，不易取得可不添加。

厚片焗烤

喜愛的鳳梨與不愛的香蕉結合，反倒成了我最愛的早餐抹醬，因為香甜滑潤又順口，只需塗抹薄薄一層果醬吐司就變得非常美味。

不過我更愛做厚片焗烤，多了起士乳香及烘烤過的焦香氣味，烘烤過程滿室生香，只需幾分鐘就有美味焗烤可食用。一份厚片焗烤再煮上一杯黑咖啡或是拿鐵，給孩子們一杯鮮奶茶，在家享受下午茶就是這麼簡單不費力。

材料

厚片土司	2 片
香蕉鳳梨果醬	3-4 大匙
起士條約	20g

作法

1. 厚片土司取刀子交叉各劃上一刀。

2. 抹上香蕉鳳梨果醬，均勻灑滿起士條。

3. 擺入中型烤箱烘烤，以 120 度烘烤約十至十五分鐘，起士條融化成微焦狀態。

4. 家中沒有中型烤箱其實小烤箱也適用，先烤七分鐘，若是起士條只有融化完全沒有焦香。

5. 等候二至三分鐘烤箱降溫，再次打開烤箱，烘烤三至四分鐘。

百香芒果醬

【複方果醬】

　　往年在盛夏芒果的季節，父親總會為我宅配一箱自己栽種的金煌芒果，每一顆都是又大又香甜，一直覺得自己是個幸福的女兒，不過往後就再也接不到他老人家宅配來的水果了。

　　這一年以為再也吃不到老家的芒果，大弟採收時還記得照著爸爸的習慣，寄來一箱芒果，讓我備感溫馨。

　　一整箱芒果總是來不及吃就熟透了，我的保存方式，幾乎每年都相同，鮮嘗，打果汁，一部分去皮切塊製成天然芒果冰，再來就是熬果醬。

　　單熬芒果醬嗎？偶爾也可嘗試不一樣的搭配，這一道就添加一樣有著黃澄澄汁液的百香果，多了不一樣果香也增添風味。

　　喜食酸味的我熱愛百香芒果醬，酸酸甜甜的滋味真的好迷人，早餐食慾差時常只能吃下一片吐司，若是抹上果醬，連吃兩片吐司都沒問題。

材料：

百香果 600g、金煌芒果 1-2 顆重約 1000g、
白冰糖 3 大匙

作法：

1. 百香果洗淨，對切開，挖出湯汁，取漏勺過濾出果汁。🅐、🅑

2. 百香果籽加 100cc 水攪拌，盡量把包含著籽的果肉攪拌破裂開，再次過濾出果汁，加入原汁中。🅒、🅓

3. 芒果洗淨，去皮，取下果肉。果肉切片再切成小丁。🅔、🅕

4. 百香果汁加入芒果肉及冰糖，浸漬半小時讓芒果釋出水分。🅖、🅗

5. 鍋子擺放瓦斯爐上，開小火煮開，熬煮中持續用木匙輕輕攪拌。🅘

6. 熬煮到果汁變濃稠，水分非常少幾乎收乾。

7. 試著推果醬到鍋子一端不會再流回來，即表示果醬濃稠度足夠。🅙

8. 加入檸檬汁拌勻，再煮約十秒，熄火。

9. 取蒸煮殺菌完成的玻璃瓶，填裝，蓋上瓶蓋，倒扣十分鐘，使罐子成真空狀態，罐子翻轉回來。🅚

10. 玻璃瓶完全涼透，置入冰箱冷藏。

A

F

B

G

C

H

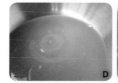
D

I

E

J

Amanda 的製作小撇步：

靠近芒果籽的纖維較粗必須避開，萬一切下了也需
去除，才不會影響果醬口感。
百香果切一半即停手，剝開倒入容器，避免全切開
百香果汁可是會流光的。
很多人做百香果醬或許是為了美觀故意不去籽，不
過我覺得去籽較方便食用。

K

Amanda 創意料理

果醬釀瓜果

偶爾喜愛拌麵糊做個捲餅，不論是夾生菜或水果，加上一大匙百香芒果醬就很美味。蔬食沙拉很適合取酸甜滋味果醬加入，所以與這一罐果醬自然也非常搭。

小時候常生食胡瓜，除了淡淡的鮮果味，不酸不甜不澀，只要砂糖沾食，感覺就跟吃水果一樣涼爽又消暑。也因為它不酸澀根本不需要經過鹽漬，方便做成涼拌的爽口菜，不必擔心因為鹽漬所產生的高鈉。

添加酸甜果醬不僅可增添果香也多了涼爽氣味，很適合夏天食用。

材料

大胡瓜	1 條
百香芒果醬	2-3 大匙
檸檬	半顆

作法

1. 胡瓜洗淨去皮，挖除籽囊，切薄片。

2. 檸檬汁擠出拌入百香芒果醬，拌勻。

3. 果醬檸檬汁加入胡瓜片中，輕輕翻動，避免將瓜果攪拌斷裂。

4. 置入冰箱冷藏浸漬一小時，取出再拌一會。再次放入冷藏室，浸漬兩小時後，即可食用。

【複方果醬】

情人果蜜桃醬

　　每年夏天總會做上十多斤情人果分送親朋好友，其實我只是喜歡作、愛分享，看大家吃的開心我心中更是喜悅，這就是廚娘的本性吧。

　　偶爾想著是不是可以把情人果做些變化，譬如加入其他水果醃漬，利用它的酸搭配其他水果的香甜，應當能擦出不一樣的火花。

　　準備熬煮鶯歌桃時，想到拿青芒果搭配看看，結果味道完全出乎我意料很搭，而且青芒果剛好銜接鶯歌桃產期不怕找不到水果。

　　鶯歌桃產期正巧土芒果即將結束，不過市場上常有其他品種青芒果，所以這道果醬不必刻意選擇香氣特殊的土芒果。

　　不過桃子偶爾會有果蟲，有時不小心碰撞果肉微爛，因此去皮後要特別注意這兩種情形，該切除或者必要時得整顆丟棄，免得壞了一鍋果醬。

　　青芒果非常酸澀，但也不希望果醬熬煮太過甜膩，所以一定要先去酸才能減少糖的用量，果醬成品顯現微酸口感，怕酸可再增加冰糖 10-20g，但不宜過量。

材料：

綠芒果 120-140g、鶯歌桃 600g、
冰糖 60-70g、水 600cc、檸檬汁 1 匙

作法：

1. 青芒果去皮切小丁，去皮後先浸泡水中避免氧化。煮開 1 大碗水汆燙芒果丁二十秒，撈出再泡水十分鐘去澀味，撈出瀝乾。**A**、**B**、**C**、**D**、**E**

2. 甜桃去皮切片，每片約 0.2cm 果肉，靠近籽的部位口感不佳，因此得避開這塊。**F**

3. 預先準備好 600cc 水加入 2 大匙檸檬汁。桃子全部切小丁，加入檸檬水中浸泡。**G**

4. 甜桃與浸泡的檸檬水加芒果丁、冰糖，擺爐火上中火煮開。**H**

5. 持續用木匙攪拌，煮約三十分鐘水果完全軟化，水剩下 1/2。

6. 改小火熬煮，持續輕輕攪拌，避免沾鍋燒焦。

7. 醬汁剩下 1/3 已經濃稠，加入檸檬汁拌勻，再次煮開即刻熄火。**I**

8. 取蒸煮殺菌完成的玻璃瓶，填裝，蓋上瓶蓋，倒扣十分鐘，使罐子成真空狀態，罐子翻轉回來。**J**

9. 待溫度完全降低置入冰箱冷藏保存。

Amanda 的製作小撇步：

果醬不適合使用鹽漬去除酸澀，青芒果可使用汆燙去酸，免得熬出酸味太重的果醬。

鶯歌桃挑選完好有些熟軟較佳，籽周邊容易酸澀要避免加入。

剛煮好果醬口感微澀，放置 2-3 日再食用口感會更佳。

小朋友的派對點心

酸酸甜甜的果醬，加些冷開水調開，清涼好喝套句廣告台詞「有戀愛的滋味喔」，取一些果醬抹吐司麵包就是好吃的下午茶點心。

想喝熱飲，沖一杯熱紅茶，取出茶包，加入一匙果醬就是好喝的水果茶，再加幾個冰塊又是不同風味。

孩子帶來玩伴為他們準備小點心，自製新鮮果醬會是小朋友們喜愛的食物，

在孩子們的歡樂聚會上，為他們準備不一樣的派對小點心，不只有新鮮感，能解飢健康又有飽足感。

材料

情人果蜜桃醬	2 大匙
小黃瓜	1 條
厚片吐司	2 片
堅果	半杯
小番茄	3-4 顆

作法

1. 小黃瓜洗淨，切 0.3cm 片狀。

2. 吐司去皮切 5cm 四角方塊。

3. 小黃瓜擺放小碟子，中心少許情人果蜜桃醬，再放上半顆小番茄，邊緣加上情人果蜜桃醬。

4. 切片吐司擺放小碟子，抹上果醬，中心擺上一顆堅果，邊緣加上碎堅果顆粒。

5. 小黃瓜及吐司交錯擺放盤子上，旁邊再放對切小番茄擺飾。

芒果鳳梨果醬
熱帶風情

【複方果醬】

　　記得小時候不管家裡有甚麼水果很快就會消失，當然是被我們四個兄弟姊妹給吃光了，因此媽媽給我們一個有趣稱號「果子狸」，意指我們這群孩子跟這小動物一樣熱愛水果。

　　務農的爸爸一早載著剛從農田採收的蔬菜，運到村子口的果菜市場販售，回家前總會為我們帶上許多水果，數量不定，只要是正值產期價廉物美都在採購範圍，還曾經抬回一整箱，現在想想小時候真的很幸福。

　　或許是從小就有吃水果的習慣，只要上菜市場買菜，一定會買些水果回家，只是老公不愛吃水果，總是我一人獨享。

　　夏日是芒果盛產季節，傳統市場及各地水果賣場都能見到愛文蹤跡，每每經過攤位遠遠就能聞到果香，總忍不住上前挑選幾顆回家。

　　台灣芒果品種多樣不過能讓消費者叫出名字的還真的不多，愛文是芒果主流商品之一，不僅果實甜美、香氣也濃，頗受大眾喜愛。

　　鳳梨跟愛文芒果同屬熱帶水果，這兩種果香氣味又特別契合，產期也正好重疊，夏天盛產時最適合熬果醬。

材料：

熟透愛文芒果 2 顆約 600g、冰糖 2 大匙、
金鑽鳳梨果肉 400g、檸檬汁 1 大匙

作法：

1. 鳳梨去皮，鳳梨眼挖除乾淨，去皮後秤重約
   400g。

2. 鳳梨切成八等份，切下鳳梨心放入果汁機，
   加水 100cc 打成汁。果肉切薄片再切細絲，
   加碎冰糖拌勻，糖漬半小時出水。❹、❺
   、❻

3. 芒果去皮，切下果肉，切小丁，靠近籽纖維
   較粗切果肉時得避開。❼、❽

4. 鳳梨汁加入糖漬完成鳳梨，加入芒果丁。擺
   放爐子上，中大火煮開，改中小火。❾

5. 熬煮時飄出浮末必須撈除，如果見到飄出像
   芝麻的小黑點，那是鳳梨籽，也一併撈除。
   ❿

6. 持續攪拌，煮到水分剩下 1/3 改小火，熬煮
   到水分非常少，水果已經濃縮狀態，推開水
   果丁，鍋底少量湯汁幾乎停頓。❽

7. 加入 1 大匙檸檬汁，再煮約三十秒，熄火。

8. 取蒸煮殺菌完成的玻璃瓶，填裝，蓋上瓶蓋，
   倒扣十分鐘，使罐子成真空狀態，罐子翻轉
   回來。❾

9. 完全涼透置入冰箱冷藏。

Amanda 的製作小撇步：

鳳梨皮與鳳梨眼一定要去除乾淨，熬煮時飄出的鳳梨籽只是賣相
差，不影響味覺，亦可不去除。
鳳梨心纖維雖然較粗，但是纖維質足夠，可打汁使用，千萬別丟棄。
選購愛文熬製果醬需注意，挑選剛好熟透即可，過生沒香味，過熟
不但果肉軟爛，獨特的香味也會消失。

生菜沙拉

芒果與鳳梨的香氣讓果醬香甜美味，隨手取個茶包沖泡，加入些許果醬，清爽茶飲也增添迷人熱帶風情。
沖泡果茶使用紅茶包比較適合，單獨添加果醬又太過單調，可再加些新鮮果丁或新鮮果汁，更有著濃郁酸香甜好滋味。

早餐吃膩了甜食或鹹食，我喜歡在吐司抹上些許果醬，多了一點清新風味，夏日時常熱到沒有食慾，用這果醬拌一盤沙拉更是清新爽口又開胃。

材料

蘿蔓	5 片
小黃瓜	1 條
西洋芹	2 片
蘋果	1 顆
小番茄	約 8-10 顆
黑胡椒	1/4 匙
鹽冷開水	（1/2 匙鹽，水 300Cc）

沙拉醬：

鳳梨芒果果醬	3 大匙
檸檬汁	1 大匙
橄欖油	1/2 匙
蒜泥	1/4 匙

作法

1. 蘿蔓洗淨用冰開水浸泡五分鐘，取出擦乾水分，用手折斷。

2. 蘋果洗淨，去皮，切薄片，浸泡鹽冷開水五分鐘避免氧化，撈出瀝乾水分。

3. 西洋芹洗淨，削皮刀去除外皮粗纖維，切 5cm 長條狀。

4. 小黃瓜洗淨，去除頭尾，切 5cm 長條狀。小番茄洗淨，瀝乾水分，對切開。

5. 蘿蔓、蘋果、西洋芹、小黃瓜、小番茄擺入沙拉盤。

6. 沙拉醬食材拌勻加入生菜蔬果稍微攪拌，再灑上黑胡椒即可。

【複方果醬】

紅棗桂圓醬

　　我是位不愛吃肉卻特別喜愛肉煮的湯，尤其是雞湯，也會嘗試不同煮法，偶爾加入幾顆紅棗燉煮。

　　因為偏愛微甜紅棗茶，所以冬天熬薑茶去寒，總會加入幾顆紅棗味道更是好喝。

　　食安問題發生後才知道市售紅棗茶及桂圓茶飲都有粉末包，也不曉得到底是不是天然食材製作，真讓人難以安心食用，想想還是自己動手最好。所以就有這個醬的製作想法。

　　熬紅棗茶一點也不難，沒時間顧爐火可以擺入電鍋燉煮，很安全而且也不浪費時間，也可以熬煮一會再置入燜燒鍋燜煮，就算真的不懂料理也不容易失敗。

　　紅棗跟桂圓一直都很搭，這兩種都是水果乾燥品原本就有甜味，因此熬煮時糖的添加量不必多，不使用砂糖改用較健康、甜度也較低的麥芽糖跟蜂蜜，還能增加黏稠度及香氣。

材料：

紅棗 600g、桂圓肉 150g、麥芽糖 3 大匙、
蜂蜜 2 大匙、老薑汁 2 大匙、水 1800cc

作法：

1. 紅棗洗淨，泡水一小時。桂圓洗淨，泡水
   二十分鐘。

2. 紅棗切開，取出籽，加水 2000cc，大火煮
   開，改小火熬煮二十分鐘，熄火。撈出紅棗
   籽丟棄。

3. 老薑刷洗洗淨，使用工具磨擦成泥，漏勺過
   濾擠出薑汁。

4. 紅棗果肉、桂圓分別切細絲。

5. 紅棗、桂圓加入熬好的紅棗籽水中。小火熬
   煮約四十分鐘，湯汁剩下約 1/4。

6. 麥芽糖、薑泥加入，持續攪拌，熬煮至麥芽
   糖溶化，熄火。加入蜂蜜攪拌均勻。

7. 取蒸煮殺菌完成的玻璃瓶，填裝，蓋上瓶
   蓋，倒扣十分鐘，翻轉回來。

8. 完全涼透置入冰箱冷藏。

保存期限：

玻璃罐成真空狀態，冷藏未開罐
保存期三個月。
開罐後保存期一個月，請用乾燥
器具取用，每次取用完畢請將玻
璃罐口擦拭乾淨。

Amanda 的製作小撇步：

紅棗搭配老薑最好，冬日多加些老薑汁可增添風味
也能去寒，夏天熬煮食用可不必添加老薑汁。
桂圓及紅棗都是乾燥品，除了浸泡也必須熬煮一些
時間才能完全柔軟出味。
也可在去籽後置入果汁機加水打碎再熬煮。
蜂蜜不需加熱，熬煮完成再添加即可。

Amanda 創意料理

紅棗穀米

天氣冷時取兩匙紅棗醬沖泡熱開水，既能解寒冷還有溫補作用，夏日想喝個涼飲，加入新鮮蔬果一起打汁，嚐嚐不同的紅棗飲品。也可直接取用當抹醬，吐司、白饅頭夾上紅棗桂圓醬都很養生。喜愛甜湯可煮紅棗蓮子粥，或者煮一小鍋水加點紅棗醬及些許糖，再燙些米苔目或煮個小湯圓、麻糬加入作甜湯，寒冷的冬天也能暖暖胃，夏季則可在湯圓裡加入少許刨冰作成健康冰品。喜愛八寶粥或是健康穀米粥嗎？煮好粥加些紅棗桂圓醬，味道會更好。不過穀米大多不容易熟，要多煮一會，煮粥也要添加白米湯汁才夠濃稠好喝。

材料

紅棗桂圓醬	6 大匙
多種穀米	1 杯
白米	1/2 杯
細冰糖	2 大匙
薑	2-3 片
水	12 杯

作法

1. 穀米洗淨加水九杯浸泡，視氣候決定時間，約三十至五十分鐘。
2. 白米洗淨再加入穀米，水六倍左右，原先浸泡的水一起計入。

瓦斯爐煮法

1. 中大火煮開，薑片也加入，從一開始煮就得攪拌，否則米粒容易沾黏鍋底。
2. 水煮開即刻改小火，攪拌可以暫停。
3. 熬煮到水變稠就得注意，偶爾攪拌一下，煮到穀米完全熟軟即可。
4. 加入紅棗桂圓醬拌勻，6 大匙是大約量，可自行作增減，試喝甜度不足再加冰糖。

電鍋煮法

1. 最簡單也不必顧火，穀米浸泡後再加入白米、薑片、水，擺入電鍋，外鍋加 1.5 杯水。
2. 按下開關直到煮好跳起，再燜十分鐘，加入紅棗桂圓醬及碎冰糖拌勻即可。

附注　電鍋跟電子鍋不同，有些電子鍋也能煮粥。

【複方果醬】

焦糖寒天 冬瓜醬

　　冬瓜具有清涼退火功效，夏天常煮冬瓜蛤蜊湯，氣溫炎熱時更愛熬冬瓜露，冰鎮過後喝上一杯，既解渴又消暑。

　　曾想過動手熬煮冬瓜糖塊，無奈研究過後發現費時又費工，與其買現成冬瓜塊喝下含有香精的茶飲，倒不如花些時間動手熬一鍋健康美味的冬瓜醬，這比熬冬瓜塊容易多了。

　　沒有味道的冬瓜熬成抹醬，自然得搭配一些食材讓它更有味道，不加香精那靠甚麼讓它產生香味呢？就熬些「焦糖」吧。

　　我知道焦糖熬煮方式有兩種，我使用的是老一輩媽媽們都會用的方式，不但方便又快速且香氣濃。

　　完成冬瓜醬再加些檸檬汁，酸香甜味都有了，冬瓜變得很不一樣，一起來為清涼消暑的冬瓜施點小魔法吧，讓你的餐點可以多些變化。

材料：

冬瓜 1200g、二砂糖 150g、檸檬汁 3 大匙、
泡發珊瑚草 100g、水 1600cc

作法：

1. 冬瓜外皮刷洗乾淨，切下皮與籽加水 400cc，蓋上鍋蓋大火煮開，改小火燜煮二十分鐘，皮與籽瀝除丟棄。**A**、**B**

2. 果肉切薄片再切成細絲備用。**C**

3. 不鏽鋼鍋倒入砂糖，開微火加熱，木勺持續輕輕攪拌，注意別燒焦，直到砂糖融化成液體。**D**、**E**

4. 再煮約二十至三十秒有焦香味飄出，緩慢倒入 1000cc 水與煮冬瓜皮的水，融化的糖漿會再次變成固體。

5. 冬瓜果肉加入水中，改中大火，蓋上鍋蓋，煮開之後改中小火，熬煮約一小時，冬瓜肉略為熟軟。**F**

6. 改小火，木勺攪拌切碎冬瓜。蓋上鍋蓋繼續熬煮約三十分鐘，掀開鍋蓋再次壓爛冬瓜，不必完全碎爛只要變小丁即可。**G**

7. 泡發珊瑚草置入果汁機，加水 200cc 打碎。倒出珊瑚草汁加入熬煮的冬瓜，暫時改中小火水煮開再改小火。**H**、**I**

8. 木勺持續攪拌熬煮至水剩下 1/3，果醬變得濃稠，底部還有許多水分。寒天冷卻後會變濃稠，因此留下多一些湯汁沒關係。**J**

9. 加入檸檬汁，依各人喜好酸度 2-4 大匙煮開，即刻熄火。

10. 取蒸煮殺菌完成的玻璃瓶，填裝，蓋上瓶蓋，倒扣十分鐘，使罐子成真空狀態，罐子翻轉回來。**K**

11. 玻璃瓶完全涼透，置入冰箱冷藏。

Amanda 的製作小撇步：

熬焦糖必須注意，砂糖溶化時溫度極高，加水要特別當心。
白砂糖熬的焦糖顏色顯現的是淡金黃色澤，香氣也略顯不足。
建議使用黃砂糖熬焦糖，顏色呈現琥珀接近褐色，香氣也較濃。

珊瑚草泡發方式：
珊瑚草清洗乾淨，浸泡十分鐘倒掉，再次浸泡水十分鐘倒掉。
加冷開水浸泡三小時，換水再泡二至三小時。
建議在最後一次浸泡水中添加少許檸檬汁，可去除珊瑚草腥味。
如果沒時間浸泡珊瑚草或者怕腥味，可以改用銀耳（白木耳）。

銀耳泡發方式：
白木耳沖水幾次，減掉底部硬梗。
泡水半小時，撈出瀝乾。
一樣置入果汁機，加水 200cc 打碎。

寒天冬瓜醬刨冰

微酸微甜的焦糖寒天冬瓜醬，塗抹在烘烤過吐司上，跟果醬的酸甜又完全不同，除了氣味特殊而且非常清爽。

添加冰水就是好喝的焦糖冬瓜茶，而且還吃得到冬瓜果粒。

刨冰淋上焦糖漿就很美味，如果加上自己做的果醬又是甚麼滋味呢？

焦糖寒天冬瓜醬融合果醬及焦糖這兩個元素，直接加入刨冰食用，除了焦糖香也有酸甜口感，而且還是獨家口味。

材料

焦糖寒天冬瓜醬 3 大匙
自製大冰塊

作法

1. 刨冰機刨出碎冰。

2. 或是體驗古早味，直接用菜刀切出碎冰。

3. 取個透明碗擺上碎冰。

4. 碎冰加上焦糖寒天冬瓜醬即可食用。

如果覺得不夠甜或是焦香味不足，可另外熬些焦糖漿，砂糖只要 100g，水 200cc，按照前述熬焦糖作法熬煮。

【複方果醬】蜂蜜柚子醬

　　前些年突然颳起韓風，泡菜、柚子醬紛紛出現在台灣各大賣場，發現市面上好像沒見過台灣產製柚子果醬，可能是產量少吧。

　　夏天時常參加活動跑過幾個農場及農會，終於在這裡見到台灣本地生產的柚子果醬，也參與製作，發現柚子果醬顏色是褐色的，與韓國柚子醬的金黃色澤截然不同。

　　查過資訊才知道，原來韓國柚子是黃金果肉，難怪顏色差異這麼大。一般水果經過加熱熬煮，顏色應該變得晦暗，而不想變得晦暗的話，除了縮短熬煮時間別無他法。

　　盛產季時熬上幾瓶醬，我總是貪心的在吐司抹上大量柚子醬，為的是品嚐那甜蜜滋味，也只有自己熬煮的果醬才能這樣恣意食用，市售果醬都太甜根本不能嚐到水果原本的香甜。

　　所以說很多食物如果不經過自己動手做的話，完全不能理解其中的奧妙，味道、顏色會有何差異，還以為顏色漂亮、甜滋滋的才是好的食品，殊不知那才是對身體不健康。

材料：

文旦柚 5 顆（或使用白柚 2 顆）、
紅冰糖 5 大匙、蜂蜜 8-10 大匙

保存期限：

玻璃罐成真空狀態，冷藏未開罐
保存期三個月。
開罐後保存期一個月，請用乾燥
器具取用，每次取用完畢請將玻
璃罐口擦拭乾淨。

作法：

1. 柚子刷洗乾淨外皮，削刀取下綠皮避開裡面白色部分，取一半數量柚子皮。**A**、**B**
2. 果肉白色外膜撕乾淨，去籽，果肉剝成小塊，秤重取 1500g。**C**、**D**
3. 綠皮切細絲，沖水數次，泡水兩小時再換水一次兩小時。或者放漏勺，擺放水
   龍頭下，開細水，跑水三十分鐘以上。**E**
4. 煮一鍋水汆燙果肉，撈出瀝乾。同一鍋水再汆燙綠皮兩分鐘，撈出沖水。**F**、**G**
5. 果肉取一半加水 800cc 打碎，亦可將果肉全加入打碎。
6. 打碎果汁加果肉、綠皮，5 大匙紅冰糖，放爐子上，開中小火熬煮。**H**、**I**
7. 需時時用木勺攪拌避免沾鍋。熬煮至水分變少確實攪拌避免沾鍋。**J**
8. 果醬已經濃縮，水分幾乎乾枯，熄火，加入蜂蜜拌勻。**K**
9. 取蒸過殺菌完成的玻璃瓶，填裝，蓋上瓶蓋，倒扣十分鐘，使罐子成真空狀
   態，罐子翻轉回來。**L**
10. 等候涼透置入冷藏室。

Amanda 的製作小撇步：

汆燙綠皮及果肉是為了去除澀味，這步驟不能少。
柚子薄膜及籽都必須去除乾淨。不喜歡有顆粒可將
果肉全部打碎成泥再熬煮。

柚醬香酥魴魚

泡一杯紅茶,取出茶包再加入適量柚子醬,冬天熱熱喝很溫暖,夏天再加幾顆冰塊消暑又清爽。不能喝茶就單獨沖泡柚子醬,喜愛酸味再加入少許檸檬汁調味。

當然這也是果醬,抹吐司一樣有好滋味,我愛早餐一片柚子醬吐司搭配一杯自己煮的無糖熱拿鐵。

柚子醬雖然添加了蜂蜜熬煮但是不會太甜,加入檸檬或果醋略為稀釋味道剛好微甜微酸,油炸食物搭配沾醬非常爽口,拌沙拉也一樣清爽不油膩。

材料

魴魚	1 片
黑胡椒粒	1 大匙
鹽	1/4 匙
地瓜粉	1/3 碗
薄荷葉	2 片
油	1/2 碗

調味醬:

柚子醬	2 大匙
蘋果醋或檸檬汁	1 匙

作法

1. 魴魚洗淨,瀝乾水分,切條狀,加入鹽、黑胡椒粒拌勻,浸漬十分鐘。

2. 薄荷葉洗淨切末。

3. 魴魚沾裹乾地瓜粉,擺盤備用。

4. 平底鍋起鍋開中火,油倒入燒熱冒出油泡。

5. 裹粉的魴魚平整擺入油中煎炸,炸約半分鐘底部地瓜粉定型。

6. 魚翻面再炸約半分鐘定型,再翻面兩次,改大火,兩面均油炸淡金黃色。

7. 撈出魚條,瀝乾油脂,擺盤。

8. 柚子醬、蘋果醋調在一起拌勻,薄荷葉碎末灑入做成沾醬。不愛薄荷可改用檸檬皮或橙皮。

【複方果醬】

鳳梨 冬瓜果醬

喜歡Q彈椰果嗎？塑化劑事件肯定讓你擔心市售的椰果是否能夠安心食用，而且越是不能吃的時候越想吃。

使用新鮮冬瓜代替椰果，你可能心中有疑慮，冬瓜煮了會變軟怎會變Q呢？

冬瓜經過曝曬水分略為收乾，再經過烹煮口感會變得有點Q，雖不如椰果那樣Q彈，不過這才是天然又安全的食品。

試做看看吧，使用冬瓜丁製作天然瓜果的顆粒，讓這一道果醬多些趣味變化，相信小朋友們也會喜愛。

Amanda 的製作小撇步：

冬瓜丁可直接曝曬，只要在上頭覆蓋一條棉布巾，收回使用前再沖水去除髒污。

不要太早加入冬瓜熬煮，才能呈現Q彈口感。

冬瓜預先糖漬過已有甜味，需將這些糖分計入，避免果醬過甜。

材料：

鳳梨 800g、冬瓜 200g、冰糖 40g、
白砂糖 20g、果膠 3 大匙、檸檬汁 1 大匙

保存期限：
玻璃罐成真空狀態，冷藏未開罐
保存期三個月。
開罐後保存期一個月，請用乾燥
器具取用，每次取用完畢請將玻
璃罐口擦拭乾淨。

作法：

1. 冬瓜去皮去籽，切 0.5cmx0.5cm 正方顆粒狀。灑上白砂糖攪拌融化，擺入冰箱冷藏四小時糖漬出水。 **A**、**B**

2. 撈出冬瓜粒，糖水留下。冬瓜粒擺放烈日下曝曬半天。檢視冬瓜，表皮有水氣按壓卻不會出水，完成曝曬程序。 **C**

3. 鳳梨去皮，鳳梨眼挖除乾淨，去皮後秤重約 800g。切成八等份，切下鳳梨心。 **D**

4. 果肉切薄片再切細絲，加碎冰糖拌勻，糖漬半小時出水。 **E**、**F**

5. 鳳梨梗切塊，放入果汁機，加水 300cc 打成汁。 **G**

6. 糖漬冬瓜水、鳳梨汁加入鳳梨果肉，開大火煮開，改中火。 **H**

7. 熬煮時飄出浮末必須撈除，如果見到飄出黑點，那是鳳梨籽，也一併撈除。 **I**

8. 煮到水分剩下 1/3，改小火，持續攪拌。

9. 再煮至鳳梨汁剩下 1/4，加入冬瓜丁、果膠。 **J**

10. 繼續熬煮到湯汁剩下 1/5 也變得濃稠，加檸檬汁再煮開即熄火。 **K**

11. 取蒸煮殺菌完成的玻璃瓶，填裝，蓋上瓶蓋，倒扣十分鐘，使罐子成真空狀態，罐子翻轉回來。 **L**

12. 玻璃瓶完全涼透，置入冰箱冷藏。

Amanda 創意料理

芋丸

芋丸是喜宴上時常出現的甜點，大多會在內餡中包裹著鹹蛋黃，不過這道我想改變傳統作法。

芋頭本身的澱粉質就會產生黏性完全包覆定型，唯獨因為黏性容易沾手，因此得準備少許手粉。

芋丸不會有鹹味，又添加了甜味果醬，因此芋頭部分不再做任何調味避免過甜。

所有食材也已經蒸煮熟透，油炸只是為了定型，快速炸好避免過度烹調。

材料

芋頭一條	約 600g
鳳梨冬瓜果醬	3 大匙
麵包粉	1 碗

作法

1. 帶上手套，取削皮刀幫芋頭去皮，洗淨切片。

2. 芋頭置入電鍋，外鍋加 1.5-2 杯水，按下開關蒸熟芋頭。

3. 芋頭趁熱壓碎，再將芋頭置入麵糰攪拌機，或是調理機攪拌產生黏性。手動攪拌亦可，但是必須多攪拌一會。

4. 手抹上少許手粉，挖取一坨芋泥，約 1 顆貢丸大小，揉成球狀再按壓捏扁攤開直徑約 8cm。

5. 取 1 小匙鳳梨冬瓜果醬置入中心點，邊緣芋泥往中間拉高，盡量不沾到果醬的糖水，捏緊芋泥收口再揉成圓球。芋球快速過冷水，隨即沾裹麵包粉。

6. 鍋子燒乾水分，倒入 1 大碗油，開中大火燒熱，丟入少許麵包粉試油溫，五至八秒會漂上來表示油溫足夠。

7. 慢慢放入芋球油炸，單面炸約三十秒定型再翻面。

8. 芋球炸定型即改大火再炸約十五至二十秒，顏色加深，馬上撈出芋丸，瀝乾油脂。

自製麵包粉：
吐司兩片去邊，白色部分用手剝小塊。
吐司塊加入調理機，蓋上蓋子，啟動打碎，即完成新鮮麵包粉。

何謂手粉：
不是有哪種粉叫手粉。
料理時為了避免沾黏手不容易操作，準備乾粉類抹手可預防沾黏。
一般大多是準備麵粉，視使用食材也可用太白粉或是再來米粉、糯米粉替代。

鮮果銀耳醬

【複方果醬】

　　熬煮果醬時會發現水果本身就有果膠成分，可並不是每種水果都有足夠膠質，因此熬醬時必須再額外添加少許果膠增加黏稠度。

　　我會熬些蘋果膠備用，紅蘋果有著濃厚香甜氣味也帶有果膠，不過青蘋果的果膠比紅蘋果更高一些，只是青蘋果產期只在冬季，平日需要果膠還是以紅蘋果為主。

　　熬煮這一道還添加鳳梨，蘋果果膠又被稀釋，因此我在裡面添加銀耳讓濃稠度更高，白木耳有著豐富的植物膠質及多醣體，有果香及果膠也多了豐富膠原蛋白。

　　果醬並非一定得全部使用水果，嘗試看看找出自己喜愛的綜合果醬，這一道加了銀耳，偶爾也可加入豆類、根莖類，或許能碰撞出不一樣的火花，也可能更美味。

保存期限：

玻璃罐成真空狀態，冷藏未開罐保存期三個月。

開罐後保存期一個月，請用乾燥器具取用，每次取用完畢請將玻璃罐口擦拭乾淨。

材料：

乾燥白木耳 20g、蘋果 3 顆約 600g、
鳳梨 600g、檸檬 1/2 顆、冰糖 20g

作法：

1. 白木耳洗淨，浸泡冷水二十分鐘。撈出白木耳剪除背後蒂頭，洗淨瀝乾水分。

2. 置入果汁機，加水 100cc 打碎，倒入厚鋼鍋。**A**、**B**、**C**、**D**

3. 鳳梨去皮，鳳梨眼確實消除乾淨。整顆鳳梨切塊，加水 300cc 打成汁。
   E、**F**

4. 鳳梨汁加入白木耳汁。

5. 蘋果洗淨，去皮切小丁，一併加入鋼鍋。加入冰糖。**G**

6. 開中火煮開果汁，浮上的泡沫必須撈除乾淨。

7. 熬煮約十分鐘就得隨時攪拌。

8. 約略煮十八至二十分鐘即改小火。此時得隨時攪拌免得沾鍋。**H**

9. 銀耳醬熬到濃稠水分極少。檸檬擠出湯汁加入，再煮十秒熄火。

10. 取蒸煮殺菌完成的玻璃瓶，填裝，蓋上瓶蓋，倒扣十分鐘，使罐子成真空狀態，罐子翻轉回來。**I**

11. 等候涼透置入冷藏室。

Amanda 的製作小撇步：

挑選乾燥銀耳必須注意，聞氣味若帶有刺鼻嗆味就是經過漂白，正常顏色不會太白應該是淺褐色。外型也必須是完整而不是碎裂。
鳳梨必須確實去皮，鳳梨眼挖除乾淨。

Amanda 創意料理

焗烤蘋果鮮凍

這道雖然添加了銀耳，口感上其實跟果醬沒甚麼差異，我喜歡抹醬也愛沖熱水飲用，夏日再加入鮮果汁及冰塊，真是養顏又美味。

雖是果醬不過加了銀耳濃稠度更高，經過烘烤也不用擔心變成水狀，蘋果挖除果肉，留下 0.3cm 外皮當容器使用，控制烘烤時間外皮也不會太過熟軟。

熱食吐司跟果醬都變得柔軟，冷食則又有些微Q，是一道很有趣的甜點。

材料

紅蘋果	2 顆
銀耳醬	6 大匙
吐司	1 片

作法

1. 蘋果刷洗乾淨，擦乾水分，不去皮。

2. 蘋果蒂頭部位切平整，用尖頭工具挖出籽，往邊緣移動分批取出果肉，底部及邊緣至少留下 0.3cm 厚度。

3. 吐司去皮，切 36 顆小丁。烤箱 100 度烘烤五分鐘微酥脆。

4. 銀耳醬拌吐司丁，填入蘋果中填滿，最上方再補上銀耳醬。

5. 烤箱 150 度預熱五分鐘。蘋果擺入烘烤十至十五分鐘。取出即可食用。

【複方果醬】

檸檬蘋果醬

　　小時候愛吃蘋果是因為它稀有，長大後愛吃蘋果是因為它有香氣口味酸甜，而且很耐放容易保存，這一點很適合不常有時間上菜市場採購的上班族，以及忙碌的煮婦或煮夫。

　　這兩年有幸在出版社認識養生達人，這才知道蘋果不僅只是好吃這麼簡單，它含有對身體很健康的蘋果膠，必需加熱才會釋放出來，所以生吃蘋果是吃不到蘋果膠。

　　因此我愛上了煮蘋果，不但煮蘋果茶還煮酸辣湯，而煮果醬當然是最基本的作法，只要熬煮一鍋就能每天取果醬食用，是不是不必煮就能吃到蘋果膠呢，至於蘋果膠的營養我就不多加贅述。

　　當然蘋果醬的美味也不能忽略，挑選口感較甜的的蘋果熬果醬可減少砂糖用量，喜歡有些變化除了可添加其他水果，加入適量檸檬皮也會變得更爽口美味。

材料：

蘋果 3 顆重約 550-600g、檸檬 1 顆、
冰糖 30g、檸檬皮 2 匙、水 800cc

保存期限：

玻璃罐成真空狀態，冷藏未開罐
保存期三個月。
開罐後保存期一個月，請用乾燥
器具取用，每次取用完畢請將玻
璃罐口擦拭乾淨。

作法：

1. 檸檬洗淨外皮，刨刀削下綠色外皮，檸檬皮切細絲。Ⓐ、Ⓑ
2. 準備好一盆水加入 1 大匙檸檬汁。
3. 蘋果去皮，去籽，切薄片，放入檸檬水中以防止氧化。蘋果分批切小丁，一樣放入檸檬水中。Ⓒ、Ⓓ
4. 撈出蘋果丁另外加水 800cc，檸檬汁 1 大匙，中大火煮開，改中火熬煮，必須偶爾攪拌一下，泡沫撈除。Ⓔ、Ⓕ
5. 熬煮約三十分鐘水剩下一半，改中小火，加入冰糖，隨時攪拌避免沾鍋。
6. 水量剩下約 1/3，蘋果熬煮熟軟，改小火。如果熬到這階段濃稠度不夠，可添加適量蘋果膠。
7. 繼續熬煮到水分變少，果醬推置一旁不會流動。最後加入檸檬皮，加入 1 大匙檸檬汁攪拌均勻，果醬再次煮滾即刻熄火。Ⓖ
8. 取蒸過殺菌完成的玻璃瓶，填裝，蓋上瓶蓋，倒扣十分鐘，使罐子成真空狀態，罐子翻轉回來。Ⓗ
9. 待溫度完全降低置入冰箱冷藏保存。

Ⓐ

Ⓑ

Ⓒ

Ⓓ

Ⓔ

Ⓕ

Ⓖ

Ⓗ

Amanda 的製作小撇步：

熬煮蘋果的水可改用現打蘋果汁，更是原汁原味，
膠質也更多。

Amanda 創意料理

水果沙拉棒

蘋果醬是百搭的果醬，可塗抹吐司、白麵包或是白饅頭這些原味食材，更能凸顯蘋果醬的風味。

蘋果茶也是大家都喜愛的茶點，沖泡一杯紅茶拌入蘋果醬即可飲用，或者切一些蘋果丁加水煮開，紅茶泡開再拌入果醬，不但顏色繽紛香味更濃，冰鎮後再飲用風味更好。

夏日喜愛生鮮沙拉嗎？就用果醬替代沙拉醬吧，酸甜滋味會比油膩的沙拉醬更美味也更加爽口，做成沙拉棒不但適合大人食用，小朋友也會喜愛。

材料

蘿蔓	4 片
西洋芹	2 片
小黃瓜	1 條
胡蘿蔔	1/3 條
小番茄	2 顆
檸檬	1 顆

醬汁：

檸檬蘋果醬	2 大匙
檸檬汁	1 匙

作法

1. 蘿蔓洗淨，浸泡冰冷開水十分鐘，撈出瀝乾，留下梗部位。

2. 西洋芹洗淨刨刀削除外皮，切約 10cm 長段，每段直切 2 片。

3. 胡蘿蔔去皮，切約 10cm 長段，0.2cm 厚片狀。

4. 小黃瓜刷洗乾淨外皮，切段約 10cm，厚 0.5cm 狀。

5. 果醬加檸檬汁調勻填入杯底，蘿蔓、胡蘿蔔、西洋芹、小黃瓜插入杯子。

6. 小番茄洗淨，底部切開至 1/2 處，裝飾杯口。

7. 檸檬切薄片，裝飾杯口。

【複方果醬】

黑芝麻 堅果醬

　　這些年養生議題崛起，堅果類所擁有的營養及養生功效也被拿出來討論，只是在選購時你可曾注意到產品安全，變質、過期甚至添加物這些不確定因素。

　　首先黑芝麻的挑選，市面上有添加色素的黑芝麻，你知道嗎？真正的黑芝麻可不是全黑色的，因為採收時不同株甚至不同時期成熟，黑芝麻果實有黑色、深咖啡色甚至是淺咖啡色。

　　購買時注意顏色是否黑的過頭，用手指搓揉是否會掉色染黑手指頭，聞氣味是否有異常嗆鼻氣味。如果是已經包裝好的至少看顏色是否異常。

　　堅果類比較不會有染色問題，不過還是需注意，目測顏色，觸摸乾燥不黏膩，聞氣味沒有油耗異味。

　　黑芝麻既輕且容易鬆散，至少多出一倍時間才能打出油脂，而堅果含油脂高較容易攪打出油。

材料：

熟黑芝麻 200g、腰果 50g、核桃 30g、
杏仁果 30g、夏威夷豆 30g、榛果 30g

作法：

1. 烘烤過的各種堅果，核桃、腰果、杏仁果、夏威夷豆、榛果分批置入調理機打碎
   成粉末，續打至變溼潤，再打一會出油成軟泥狀。Ⓐ、Ⓑ、Ⓒ
2. 若想有甜味，可添加 1 大匙碎冰糖，堅果一起攪打至出油即可。Ⓓ
3. 黑芝麻置入調理機打碎成粉末，暫停，打開蓋子檢查，用湯匙略為翻動整理芝麻，
   蓋上續打至溼潤，再攪打至出油。Ⓔ、Ⓕ、Ⓖ
4. 黑芝麻與堅果置入乾燥大碗，盡可能攪拌均勻。Ⓗ
5. 取蒸煮過殺菌完成且烘乾的玻璃瓶，填裝，蓋上瓶蓋，置入冷藏保存。

Amanda 的製作小撇步：

選材：堅果食材要新鮮，才能避免油耗味，使用器具要乾燥。
製作：
1. 製作這道非常簡單，只要準備一台刀片夠鋒利的攪拌機，耐心攪打。
2. 黑芝麻重量輕容易飄起，攪拌一會必須打開蓋子，把飄在一旁的整
   理好再繼續攪打。
3. 生黑芝麻洗淨瀝乾倒入炒鍋，小火翻炒熟透，時間約七至八分鐘。

Amanda 創意料理

蛋香生菜吐司捲

黑芝麻堅果醬原味就很好吃也容易搭配各種食材，塗抹麵包或白饅頭都美味，或者挖兩三大匙調一碗熱呼呼芝麻糊，既養生又健康。

涼麵拌醬大多使用白芝麻花生醬其實也可以使用黑芝麻醬，一樣有香氣卻又是不同的風味。

單抹麵包吃膩了可做些不同變化，作一道不一樣的早餐「黑芝麻堅果蛋餅」，如果不習慣有甜味可做原味醬，「生菜吐司捲」更方便做各種不同料理。

材料

黑芝麻堅果醬	1 大匙
薄片吐司	2 片
生菜	1 片
苜蓿	少許
雞蛋	1 顆
鹽	少許
油	少許
牙籤	6 支

作法

1. 雞蛋去殼打散，調入少許鹽巴。生菜、苜蓿分別用冷開水洗淨，瀝乾水分。

2. 平底不沾鍋起鍋，開小火，鍋子刷上少量油脂。

3. 蛋液倒入，平底鍋側邊抬起約 30 度高，慢速轉動鍋子讓蛋液平均流滿平底鍋，平放。

4. 慢火烘烤到蛋液熟透，鍋鏟輕推鍋邊推起蛋皮，取出整片蛋皮，放涼。

5. 蛋皮擺放生菜、苜蓿，捲裹起來對切兩段。

6. 吐司去邊，抹上黑芝麻堅果醬。

7. 一段蛋捲擺放 1 片吐司上捲裹成捲，分三段各插上一支牙籤固定。

8. 取刀子分切成三等份。切口朝上擺盤。2 片吐司可作成 6 份。

附注　使用新鮮吐司不經過烘烤較容易捲裹，口感也較柔軟好吃。

【複方果醬】

椰漿堅果醬

　　堅果的油脂是以單元不飽和脂肪酸為主，被公認為「護心食物」，可生食也可烘烤或油炸食用，生食香味很淡卻容易咀嚼，喜歡脆口有香味可經過烘烤或炒熟。

　　從小就喜愛椰子食品，尤其是中式喜餅裡添加的椰絲，親友送來中秋月餅只要有這一款肯定被我優先取走，現在雖少吃這些餅，購買麵包時偶爾還是會尋找椰子口味。

　　因為熱愛椰子香氣，而想取其香濃氣味做這道拌醬，製作方式真的不難，只要已經烘烤熟成的堅果就可以製作，完成的堅果醬除了堅果香還有一股特別香氣，是讓人意料不到淡淡的芋頭香。

　　如果對於市售烘烤品還是不放心，可以買生堅果回家烘烤或是炒熟，比較不建議油炸，除了不適合熬醬也把健康食物變得不健康。

　　堅果類跟花生一樣可添加大量鹽巴拌炒，利用鹽巴吸熱加快堅果熟成，這樣拌炒多少會有些許鹹味，對於不能食用高鈉食物者多少會傷害健康，不加鹽單炒則必須小火慢炒花費較長時間。

　　比較起來烘烤更適合，不過各家烤箱溫度不一，必須多次嘗試拿捏，以低溫慢火避免外焦內生，才能烘烤熟透也烘出香氣。

材料：

椰漿 300cc、原味烤腰果約 60-70g、
原味烤核桃約 60-70g、紅冰糖 2 大匙

作法：

1. 原味烤腰果、烤核桃分批置入調理機攪打成
粉末。、、、

2. 椰奶倒入陶瓷湯鍋，加入腰果粉、核桃粉及
紅冰糖 ，先把食材攪拌均勻。

3. 熬煮前預先準備一小盆冷水，要能放得下攪
拌鍋。

4. 特別注意，椰奶很濃稠容易沾鍋焦底，從開
始熬煮直到熄火都不能停止攪拌。

5. 爐子開啓微火，用木勺持續劃開鍋底輕輕攪
拌，這動作千萬別停歇。

6. 椰漿滾開冰糖也溶化，馬上熄火。

7. 整鍋擺入預先準備好冷水鍋，浸泡五至十秒
讓鍋底降溫，此步驟可避免溫度太高而沾
鍋。

8. 取蒸煮殺菌完成的玻璃瓶，填裝，蓋上瓶蓋，
倒扣十分鐘，使罐子成真空狀態，罐子翻轉
回來。

9. 待溫度完全降低置入冰箱冷藏保存。

Amanda 的製作小撇步：

選材：購買原味堅果方便使用，有安全包裝及標示會更安心。
製作：
1. 生堅果可用烤箱約 120 度慢火烘烤，或是置入炒鍋加大量鹽巴，開中火翻
炒，炒熟堅果再瀝出鹽巴，不過高血壓患者較不建議加鹽拌炒。
2. 另一方式，堅果打碎直接拌入椰漿不經過熬煮，不過香氣較差。
3. 椰漿很濃稠因此更容易沾鍋燒焦，從開始熬煮直到熄火，攪拌都不能停歇。

Amanda 創意料理

椰漿芋頭飯

只要妳喜歡椰香，肯定會愛上椰漿堅果醬，這道可當吐司抹醬也可在製作麵包、蛋糕或是捲餅夾心時添加，製作甜點或甜湯，椰子球、椰子塔、蔬果椰香汁。

吃過越南椰子甜米飯嗎？只要喜愛甜米飯應該可以嘗試這種不一樣的吃法，簡單又容易做，料理初學者也難不倒。

今天做的是芋香口味，不愛芋頭的人也可添加其他食材，煮熟紅豆、綠豆或是甜玉米粒，南瓜、地瓜，豆類及雜糧都非常適合做這一道。

材料

椰奶堅果醬	4 大匙
白米飯	2 碗
芋頭	200g

作法

1. 芋頭去皮，洗淨切四方小丁，擺入電鍋，外鍋 1.5 杯水蒸熟，取出放涼。

2. 白米飯或是雜糧飯拌入椰奶堅果醬。

3. 大碗底擺上芋頭丁，填塞入拌好白飯，略為按壓緊實。

4. 再取一個大盤子覆蓋碗上，米飯倒扣入盤中。

5. 可挖取少許椰奶堅果醬擺放盤邊裝飾。

PART 2

低鹽美味果醬

‧ 沙茶醬

‧ 花生芝麻醬

‧ 麻辣醬

‧ 番茄醬

‧ 黑胡椒醬

‧ 丁香干貝醬

‧ 蒜味辣椒醬

‧ 糖醋醬

‧ 香菇海苔醬

‧ 大蒜奶油椰子醬

‧ 地瓜椰子醬

‧ 香菇素蠔油

‧ 泰式酸辣海鮮醬

‧ 甜辣醬

‧ 蘑菇醬

沙茶醬

　　購買一罐好吃的醬料，看標示排除添加物之外好似沒問題，卻聽聞有不良商家使用陳年魚貨所製作，雖不能因為單獨事件打翻一船人，不過這種醬料您吃的安心嗎？

　　尤其這一整罐黑漆漆的醬料，使用哪種油脂，添加哪些海鮮乾貨，說真的要能吃出來也不是那麼容易。

　　自己作醬料從選購食材開始，眼看、鼻子聞、手觸摸，尤其是海鮮乾貨類，只要不新鮮馬上就聞得出腥臭氣味，那可是騙不了人。

　　優良商家會把魚貨擺在冷凍庫保鮮，避免長時間曝露在高溫下造成變質，而且海鮮乾貨應該是只有一點魚腥味，要是新鮮度不佳聞到的可就是腥臭味。

　　而紅蔥頭也有大問題，要是沒保存好最容易孳生黴菌，是否清洗乾淨也很重要，雖然自己炸油蔥酥有些繁瑣，我寧願自己花些時間炸油蔥酥，從不買現成的。

　　沙茶使用的食材要這樣講究，除非是有信用的商家，否則還是建議自己動手作，才能吃得更安心。

材料：

開陽 50g、扁魚 50g、小魚乾 50g、紅蔥頭 50g、
蒜頭 40g、熟白芝麻 2 大匙、胡椒粉 1/4 匙、
辣椒粉 1/4-1/2 匙、植物油 450cc、香油 1 大匙、
鹽 1/6 匙

作法：

1. 開陽、扁魚、小魚乾、分別洗淨，瀝乾水分。
Ⓐ

2. 蒜頭、紅蔥頭分別剝除外皮，洗淨瀝乾切除
根部，切末。Ⓑ、Ⓒ

3. 扁魚、小魚乾、開陽分別置入烤箱 100 度
低溫烘烤。扁魚烘烤二十五分鐘。開陽烘烤
三十分鐘。小魚乾烘烤三十五分鐘。烘乾水
分腥味飄出，爾後會飄出香味，放置冷卻，
置入調理機打成碎末。Ⓓ、Ⓔ、Ⓕ

4. 紅蔥頭、蒜頭分開油炸，鍋中倒入兩大匙油，
開小火溫油即下鍋，必須持續翻炒炸成淡金
黃色，取出放置涼透。一起置入調理機打成
碎末。Ⓖ、Ⓗ、Ⓘ

5. 白芝麻置入調理機打成碎粉末。Ⓙ

6. 鍋中加入 450cc 植物油、扁魚粉、開陽粉、
小魚乾粉冷油即下鍋，開小火油炸至溫度升
高，冒出泡沫必須撈除，續炸約二至三分鐘。
Ⓚ

7. 加入紅蔥及蒜頭碎末、芝麻粉、胡椒粉、辣
椒粉及鹽巴仔細拌均勻，續炸約兩分鐘，加
入香油即可熄火。Ⓛ

8. 此時油溫略高，海鮮及香料泡在油中可能會
過焦，最好整鍋浸泡水中十分鐘降溫。

9. 沙茶醬裝填入已烘乾殺菌完成玻璃瓶。涼透
後置入冰箱冷藏室保存。

保存期限：

油脂是液體倒扣容易流出，因此無
法造成真空狀態，確實冷藏不造成
油耗味，未開罐保存期三個月。
開罐後保存期一個月，請用乾燥器
具取用，每次取用完畢請將玻璃罐
口擦拭乾淨。

Amanda 創意料理

沙茶蒸肉丸子

沙茶幾乎是家家必備的調味醬，沙茶魷魚羹，沙茶炒羊肉，炒牛肉這幾道都是家喻戶曉的美味料理，傳統火鍋更不能缺少沙茶醬，有了它清淡無味的食材都變的好可口。

炒油麵、炒飯、炒肉片時我總愛加上些許沙茶醬，炒蔬菜不愛加肉絲，加上一勺沙茶醬更對家人的胃，還有甚麼醬料可以像沙茶這樣有著神奇美味呢？

沙茶拌入絞肉作蒸肉丸，不愛吃肉也可加碎豆腐代替絞肉，不過得加入少許太白粉攪拌以增加黏性。

材料

沙茶醬	1 大匙
中型鮮香菇	12 朵
細絞肉	100g
大片九層塔葉約	6-8 片
小片九層塔葉	12 片
鹽	1/6 匙

作法

1. 小片九層塔葉洗淨瀝乾。
2. 大片九層塔葉洗淨，切末。
3. 鮮香菇洗淨，瀝乾水分，去梗，取紙巾擦乾背面。
4. 細絞肉加入沙茶醬、鹽攪拌，分三次各加入 1 大匙水，順時針攪拌至水完全吸收再加第二次水。拌入九層塔細末。
5. 取一匙絞肉放置鮮香菇背面凹糟，仔細按壓塗抹避免掉落。擺盤。
6. 蒸鍋加 1 大碗水煮開，改中火，鮮香菇擺入，蓋上鍋蓋，蒸十二分鐘左右。
7. 起鍋前分別在每顆丸子上擺 1 片小九層塔葉裝飾。

附注　沙茶醬已經有少許鹹味，請自行評估是否再加鹽巴調味。

花生芝麻醬

　　自從傳出花生容易產生黃麴毒素，很多人再也不吃花生了，尤其市面上添加花生粉的食物非常多，購買時總會質疑使用的花生是否新鮮。

　　購買花生當然更需仔細挑選，除了顆粒必須完整，檢查芽根處是否泛黑，聞一下是否有霉味，避免買到囤積過久的花生，這樣即可防止吃下黃麴毒素。

　　自己炒花生首先得挑選新鮮花生，再經過半小時小火翻炒，雖然是有些麻煩而且花時間，如果有烤箱直接烘烤是省事些不過還是費時。

　　不懂得炒花生或是沒自信炒好花生，可選購已經炒熟原味花生，白芝麻也一樣可選擇炒熟的，重點還是在審慎挑選。

　　若是不作花生醬，只要調理機攪碎成粉末即成花生粉，可沾食麻糬、豬血糕或刈包配料，沒食用完也請記得冷藏保存，才能避免黃麴毒素產生。

材料：

去殼去膜原味炒花生 200g、熟白芝麻 150g、
冰糖 1 大匙

作法：

1. 花生置入調理機，加入冰糖一起打碎成粉末，多打一會出現油脂，花生呈現濃稠狀態，取乾淨湯勺挖出花生醬。Ⓐ、Ⓑ、Ⓒ、Ⓓ

2. 白芝麻置入調理機，一樣打碎，慢速打一樣會出現油脂，白芝麻會呈現流質狀態。Ⓔ、Ⓕ

3. 如果沒有調理機，應該沒辦法打到成粉末油脂狀態。

4. 可將花生及芝麻倒入果汁機，添加花生油再打，分批打避免溫度過高，攪打至花生及白芝麻非常細膩。

5. 花生醬與白芝麻醬拌在一起，調理機攪打不需添加花生油。Ⓖ、Ⓗ

6. 取蒸煮過殺菌完成且烘乾的玻璃瓶，填裝蓋上瓶蓋，置入冷藏保存。

7. 置入冷藏室保存避免產生油耗味。

保存期限：

填裝前沒有加熱因此無法造成真空狀態，不過用心保存冷藏可維持三個月。

開罐使用後保存期還能維持一個月，請用乾燥器具取用，每次取用完畢請將玻璃罐口擦拭乾淨。

炒花生：

1. 花生洗淨，瀝乾水分，攤開略為風乾。
2. 炒花生前預先準備一個乾燥鐵盤，一把大孔洞漏勺。
3. 炒鍋烘乾水分，開中火，倒入鹽巴，花生，持續炒約半小時。
4. 花生薄膜逐漸轉變微紅，香氣飄出，且底下的鹽巴也由紅再淺灰色。
5. 此時花生內部已經乾燥且熟透，因此動作必須迅速。
6. 取大孔洞漏勺快速撈出花生，瀝掉鹽巴，花生倒入鐵盤。
7. 花生攤開平鋪放置完全涼透。
8. 帶上手套搓揉花生使薄膜脫落，擺放大圓盤，抖散薄膜。或是擺放電風扇前，吹掉薄膜。

炒芝麻：

1. 生白芝麻洗淨，瀝乾水分。
2. 炒鍋起鍋，開小火倒入白芝麻翻炒，持續炒約八至十分鐘，香氣飄出，熄火。
3. 盛出白芝麻平鋪放涼。

Amanda 的製作小撇步：

製作：

使用調理機分批絞碎花生及白芝麻，一次研磨量別太多，以免磨不均勻無法完全磨碎。

花生及芝麻富含油脂，只要研磨夠細碎一定會出現油脂，因此不必再添加任何油脂。

Amanda 創意料理

花生芝麻醬燒肉

花生芝麻醬是台式涼麵的靈魂，沒有它可就相形失色，我從小就特別喜愛涼麵，或許也是因為這醬香吧。就讀國中時一早總愛買個涼麵帶去學校當午餐，偶爾多帶一盒還引來同學爭相詢問可以轉賣她嗎？原來大家都熱愛涼麵啊。

涼麵醬汁該怎麼調呢？說來也不難，花生芝麻醬、烏醋、醬油、蒜泥、糖水、香油，主要就這些食材，找出適合自己的比例調和即可。

重點是醬油或烏醋一定要分批少量加入花生芝麻醬，慢慢調開千萬不能心急，這樣才能完全拌開花生醬，否則會一坨一陀拌不均勻。

而花生醬烤厚片是家中孩子們的最愛，市售果醬先不說有沒有黃麴毒素問題，光是調味就偏甜還加入大量油脂，要這些孩子不胖都難。

材料

花生芝麻醬	2 大匙
梅花肉片	200g
洋蔥	1/2 顆
青蔥	1 根
熟白芝麻	1/2 匙
白胡椒粉、鹽	少許
油	1 大匙

作法

1. 青蔥去根，洗淨切末。洋蔥切除根部，去外皮，洗淨切絲。

2. 花生芝麻醬分批加入 6 大匙水攪拌開。

3. 梅花肉片加入花生芝麻醬抓捏均勻，浸漬十分鐘。

4. 炒鍋起鍋，開小火倒入 1 匙油，加入洋蔥翻炒軟化。

5. 改中大火，加入肉片翻炒熟透，加鹽巴炒勻。

6. 灑入蔥末、白芝麻拌勻即可熄火。

麻辣醬

　　醬雖名為麻辣，其實麻跟辣是兩種不同的辛香料，麻是從花椒而來，市售花椒也有好幾款不同品種，超市買到小包裝花椒大多是最次級品。

　　想買品質好的花椒，除了南北貨商店，中藥材行也能夠找到，買花椒前先詢問一下有哪些品項可挑選，一定能找到高品質花椒。

　　雖說大紅袍名氣響噹噹，很多人都不知曉青花椒的香麻略勝一籌，因此我製作麻辣醬會採用這兩種花椒搭配使用。

　　花椒選購要注意新鮮度，品質好的花椒香氣濃郁，包裝拆開遠遠就能聞到，而品質差或放置過久的花椒，不但沒有香氣，還容易產生濕氣，甚至可能有霉味，選購時不能不提防。

材料：

大紅袍花椒 60g、青花椒 60g、細辣椒粉 10-15
大匙、小茴香 2 匙、八角 2 粒、肉桂粉 1/2 匙、
白胡椒粉 2 匙、植物油 450-500cc

作法：

1. 花椒置入乾鍋，小火炒出香氣，取出放涼。
 A

2. 兩種花椒分批置入調理機打成極細粉末。過
濾出粗顆粒再次置入調理機打成細粉末。
 B、**C**、**D**

3. 小茴香及花椒分批置入乾鍋，開小火炒出香
氣，取出放涼。**E**

4. 小茴香與八角分別置入調理機打成細粉末。
 F、**G**

5. 油倒入鍋中，開微火，冷油即加入花椒粉、
八角粉、小茴香，溫油煮出香氣，冒出油
泡續煮約一至兩分鐘。

6. 加入細辣椒粉拌勻，煮到油再次冒泡。

7. 白胡椒粉及肉桂粉加入攪拌均勻，即刻熄
火。**H**

8. 炸好麻辣醬整鍋泡水十分鐘降溫，裝填入已
烘乾殺菌完成玻璃瓶。

9. 涼透後置入冰箱冷藏室保存。

保存期限：
油脂是液體倒扣容易流出，因此無
法造成真空狀態，確實冷藏不造成
油耗味，未開罐保存期三個月。
開罐後保存期一個月，請用乾燥器
具取用，每次取用完畢請將玻璃罐
口擦拭乾淨。

Amanda 的製作小撇步：

製作：
花椒質地堅硬，很難一次攪打成細粉末，先用漏勺過濾出粗顆粒，粉末留
下。粗顆粒再次加入調理機絞把成粉末，否則會影響口感。
先用乾鍋炒出花椒水分及香氣，磨粉後再油炸才能釋出花椒香氣，也能提
升醬的品質。
油溫控制好，小火甚至微火，火太大會讓油溫急速升高，香料已經是粉末
狀，油溫過高容易焦掉。
辣度可隨個人喜好作調整，增加或減少辣椒粉用量。

Amanda 創意料理

麻辣燒酸果豆腐

麻辣醬料理很容易發揮，舉凡麻婆豆腐，椒麻料理以及宮保料理都能運用，煮麻辣鍋更是一級棒。

只要熬上一鍋高湯加入幾匙麻辣醬，搭配蔬菜、鴨血、肉片、凍豆腐及牛肚，丸子火鍋料，這一鍋就能媲美市售的麻辣鍋。

吃火鍋涮肉片，水餃、蘿蔔糕，凡是需要醬料的料裡都可以使用，算是百搭醬品。

這道醬沒添加鹽巴，不會有過鹹的疑慮，調製沾醬視各人喜好挑選醬油、醬油膏，或是其他醬料。

只要加入一勺麻辣醬，簡單料理也能創造出一道不簡單的好味道。

材料

材料	用量
板豆腐	1 塊
大紅番茄	1 粒
大蒜	1 根
香菜	2 棵
麻辣醬	1 大匙
鹽	1/4 匙
味醂	1/2 匙
油	少許

作法

1. 板豆腐洗淨，切成小丁。青蔥、香菜分別去根洗淨，切末。

2. 番茄洗淨，切十字刀，煮開一碗水汆燙，撕除外皮切除蒂頭，切小丁。

3. 炒鍋起鍋開小火，倒入 1 匙油，蒜白加入炒香。

4. 番茄丁下鍋略炒，加水 1 杯。

5. 豆腐、麻辣醬、鹽、味醂加入，水煮開改小火。

6. 燜煮豆腐入味，水分約剩 1/4，灑下蒜尾及香菜拌勻即可。

番茄醬

　　從小到大吃過的番茄醬肯定都是紅咚咚，尤其部分小吃店用的不知名品牌番茄醬顏色更是鮮豔無比，越看越可怕。

　　番茄醬真的該是紅色的嗎？自己動手熬一鍋番茄醬，你會驚訝它的顏色竟然是橘紅色而不是我們認知的鮮紅色。是的，橘紅色才是番茄天然又真實的顏色。

　　在添加物滿天飛的時代，只有自己製作、知道食材來源，才是最健康也最安心，因為除了天然辛香料及基本調味，根本不可能添加其他不應該有的物質。

　　自己熬的番茄醬沒有防腐劑，沒有色素，沒有香精，也沒有塑化劑這種不該存在食物裏的化學物質，更別說其他看不到更猜不到的化學添加物。

　　現在就到市場上選購新鮮番茄回家，捲起你的袖管，只要花一點時間為親愛的家人們熬一鍋醬吧，一鍋新鮮美味又有愛的醬。

使用工具：

調理機，手持式攪拌棒或果汁機

材料：

牛番茄 1200g、洋蔥中型 1 顆、蒜頭 5 顆、
月桂葉 1 片、蘿勒 1/4 匙、植物油 1 大匙、
鹽 1 匙、砂糖 1 大匙

保存期限：

玻璃罐成真空狀態，冷藏未開罐
保存期三個月。
開罐後保存期一個月，請用乾燥
器具取用，每次取用完畢請將玻
璃罐口擦拭乾淨。

作法：

1. 月桂葉、蘿勒加水 200cc 煮開，改小火續煮
   五分鐘。取漏勺過濾去除月桂葉、蘿勒，煮
   好湯汁備用。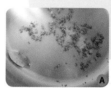

2. 番茄洗淨，上面畫十字刀，煮一鍋水汆燙番
   茄約五至十秒。

3. 撈出番茄放涼去皮。對切開切除蒂頭。番茄
   果肉放入調理機打碎成果泥。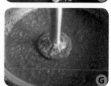

4. 洋蔥去皮洗淨，對開切，放入調理機打碎成
   細丁。蒜頭去皮洗淨，放入調理機打碎成細
   丁。

5. 鍋子倒入植物油、蒜末加入炒香，續加入洋
   蔥末炒香炒軟。

6. 炒好食材倒入厚底白鐵鍋，加入番茄泥、水
   300cc、熬好的月桂葉蘿勒水、鹽、糖，中
   火煮開改小火熬煮。

7. 隨時用木勺攪拌避免沾鍋，熬煮過程小心攪
   拌。煮到湯汁盛下 1/3，熄火。

8. 取手持式攪拌棒置入番茄糊裡面將細小食材
   打碎，盡可能打成泥狀。或是等候果泥溫度
   略為下降，再倒入果汁機完全攪碎。

9. 番茄泥再次開火熬煮，必須煮到非常濃稠，
   推開番茄泥不再快速流出番茄水。

10. 趁熱取蒸過殺菌完成的玻璃瓶，填裝，蓋上
    瓶蓋，倒扣十分鐘，使罐子成真空狀態，罐
    子翻轉回來。等候涼透置入冷藏室。

Amanda 的製作小撇步：

善用廚房工具調理機，可做到
事半功倍，也不會因為洋蔥辛
辣味而嗆到眼鼻。
番茄汆燙去皮，才不至於影響
口感。

Amanda 創意料理

番茄濃湯

番茄醬應用很廣泛，孩子們喜愛的炸雞塊、炸薯條都需要番茄醬來增加酸香氣味，我家兒子從小不吃番茄，卻熱衷番茄醬炒飯。

有時需要沾醬的食物，孩子們總捨棄醬油膏改用番茄醬，相信孩子都會喜歡這微酸的氣味。

煮湯麵也可以加入少許番茄醬增添不一樣的風味，番茄鯖魚麵我想大家都吃過吧，裡面的醬汁就是番茄醬。

好想喝酸酸的蔬菜濃湯，單只用新鮮番茄又好像缺哪些味道，再加入適量番茄醬作調味吧，這道湯會有意想不到的效果。

材料

新鮮番茄	3 顆約 280g
番茄醬	3 大匙
洋蔥	1/2 顆約 100g
蘑菇	5 朵
奶油	1 大匙
麵粉	2 大匙
高湯	400cc
蘿勒	1/4 匙
冰糖	1/4 匙

作法

1. 番茄洗淨，上面畫十字刀，煮一鍋水汆燙番茄約五至十秒。

2. 撈出番茄放涼去皮。對切開切除蒂頭，去籽，切小丁。

3. 洋蔥去皮洗淨切小丁。蘑菇洗淨切薄片。

4. 不沾鍋起鍋開小火，加入奶油略微軟化，洋蔥加入炒香，續加麵粉拌炒，分批加高湯，一次約 1/3 杯快速和開避免結成團。

5. 番茄丁、番茄醬加入洋蔥麵粉水中，灑入蘿勒煮開，加冰糖調味，煮約十分鐘，煮軟番茄跟洋蔥丁即可。

> **附注** 番茄醬已經是調味過的醬料，煮這道濃湯先試喝味道再做調味避免過鹹。

黑胡椒醬

　　為了應付熱愛香辣食物的家人，廚房裡總備著各種不同的辛香料，黑胡椒及白胡椒自是不可或缺。

　　我總喜歡熬一罐黑胡椒醬備用，因為這瓶醬總在我想不到該做哪些菜時充當救火隊上場，一道黑胡椒洋蔥肉排就能夠擄獲家人的心。

　　想想早餐店黑胡椒口味鐵板麵，雖然美味總難免擔心這些醬料的衛生問題，以及是否包含著不該有的添加物呢？

　　熬醬雖費時卻能讓家人安心食用，且能避免可怕的添加物以及納含量超標，這對於有心血管疾病的人更是不能不防。

番茄泥作法：
番茄洗淨，畫上十字刀，底部再畫一圈，汆燙番茄直到外皮翻開，撈起番茄去皮，切塊加入調裡機打碎成泥。

材料：

粗粒黑胡椒 3 大匙、白胡椒粉 1 匙、洋蔥 2 大顆、蒜頭 12 粒、無鹽奶油 1 大匙、月桂葉 3 片、醬油 2.5 大匙、冰糖 1 大匙、番茄泥 100cc、高湯或水 500cc

作法：

1. 洋蔥去皮，切絲再切細丁。蒜頭去皮切薄片再切細末。**Ⓐ**、**Ⓑ**

2. 黑胡椒粒置入乾鍋小火炒香，盛出。炒鍋再起鍋，開微火，加入奶油溶化，蒜頭入鍋煸炒香，續加入洋蔥炒軟。**Ⓒ**、**Ⓓ**、**Ⓔ**

3. 炒好香料倒入湯鍋，加高湯或水 400cc、黑胡椒粒、月桂葉加入攪拌均勻。**Ⓕ**

4. 蓋上鍋蓋，大火煮開，改小火燜煮二十分鐘至食材熟軟。

5. 醬油、冰糖、番茄泥加入再熬煮約十分鐘，湯汁濃稠即可熄火。**Ⓖ**、**Ⓗ**、**Ⓘ**

6. 取出月桂葉丟棄。

7. 取蒸煮殺菌完成的玻璃瓶，填裝，蓋上瓶蓋，倒扣十分鐘，使罐子成真空狀態，罐子翻轉回來。**Ⓙ**

8. 待溫度完全降低置入冰箱冷藏保存。

保存期限：
玻璃罐成真空狀態，冷藏未開罐保存期三個月。開罐後保存期一個月，請用乾燥器具取用，每次取用完畢請將玻璃罐口擦拭乾淨。

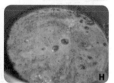
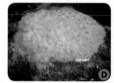
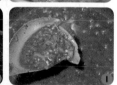

Amanda 的製作小撇步：

覺得單純黑胡椒醬太過單調，可在炒過洋蔥後添加絞肉 100g 炒香，再熬煮，多了肉醬，拌義大利麵或是炒鐵板麵更加美味。

Amanda 創意料理

鐵板炒麵

黑胡椒醬大多應用在豬排及牛排沾食,鐵板燒及早餐店也常見它的蹤跡,用來炒鐵板麵或是淋醬。

時常用黑胡椒醬搭配豬肉排,很家常的作法,梅花肉加少許蒜末、米酒浸漬去腥,大火把表皮油煎變色封住肉汁再改小火煎熟,炒些洋蔥絲加入肉排及黑胡椒醬煮過,一道很下飯的黑胡椒肉排就完成。

自己炒一盤鐵板麵既快速又花費不多,只要選擇油麵,早餐店使用的也是我喜愛的細麵條。

材料

黑胡椒醬	2 大匙
細油麵	1 小把
紅蘿蔔	1 小段
洋蔥	1/3 顆
青花椰菜	少許
玉米筍	5 根
雞蛋	1 顆
油	少許

作法

1. 青花椰菜,切小塊,梗的部分去皮,洗淨。
2. 洋蔥去皮,切細絲。胡蘿蔔去皮,切細丁。玉米筍洗淨。
3. 煮開 1 碗水加少許鹽、油,汆燙玉米筍熟透,撈出。再汆燙花椰菜熟透,撈出。
4. 雞蛋預先煎成荷包蛋。
5. 平底鍋起鍋,開小火,加入少許油炒香洋蔥,續加入胡蘿蔔丁炒香。
6. 加入油麵略炒一會,改中大火,淋下 2/3 杯水、加入黑胡椒醬 2 大匙。
7. 持續翻炒麵條變柔軟且入味,水收乾即可。
8. 麵條盛出擺盤,擺上荷包蛋,青花椰菜及玉米筍。

附注 蔬菜汆燙時已經加了鹽巴不需再做調味。
荷包蛋可準備少量醬油膏或是番茄醬沾食。

丁香干貝醬

　　仿澎湖干貝醬作法，食材幾乎都是顆粒狀爲何稱爲醬，無解，難度不高只是材料有點多，且食材必須分批處理，部分預先泡水或經過蒸煮才能使用。

　　製作過程必須使用大量油脂，在這風聲鶴唳中用油不得不小心，自己選購的當然更爲謹愼，雖然料理上有些費時至少能夠安心食用。

　　辣度可隨個人喜好做調整，不敢吃辣也可以不加，若有成本考量則可選擇不添加大干貝，但是其他配料則必須全加，否則不僅只香味不足，鮮味也不夠。

　　所使用的食材小干貝、開陽、小魚干要是沒使用完，必須存放在冷凍庫方能保持新鮮，可留著下回使用或用在其他料理上。

材料：

乾燥大干貝 50g、小干貝 100g、開陽 100g、
小魚乾 100g、乾豆豉 2 大匙 、蒜頭兩球、
辣椒適量 、壺底油精 3 大匙、植物油 600ml

作法：

1. 大干貝、小干貝分別洗淨加水浸泡約四小時，
   瀝乾水分。

2. 泡好大干貝、小干貝擺入電鍋，外鍋加 1.5 杯
   水蒸軟，取出將大干貝剝成小塊狀。**B**、**C**

3. 開陽搓揉洗淨，加水浸泡三十分鐘，瀝乾水
   分，切碎。小魚乾洗淨，瀝乾水分。**D**、**E**

4. 蒜頭去膜，洗淨切成細末。辣椒洗淨，切細
   末。豆豉洗淨瀝乾。

5. 油全部倒入鍋中，開小火，蒜末冷油加入鍋
   中油炸。

6. 蒜末炸出香味即加入開陽、豆豉，改中小火
   續炸約兩分鐘，開陽跟豆豉水分變少且腥味
   逐漸變淡。

7. 加入小干貝炸出水分。辣椒、小魚干一起加
   入，再炸兩分鐘直到腥味不見飄出香味。

8. 最後才加入大干貝拌均勻，再炸約三十秒，
   拌入壺底油精即可熄火。

9. 取漏勺盡快撈出所有食材，待油降溫，再把
   所有食材放進去混合。

10. 填裝入已烘乾殺菌完成玻璃瓶。置入冰箱冷藏室保存。
    浸泡至少兩天入味再食用風味更佳。

Amanda 的製作小撇步：

浸泡干貝水可留下做高湯。
炒蒜末一定要小火溫油，且隨時推動鍋底才能避免沾鍋燒焦。
大干貝、小干貝可加酒蒸去除腥味。
小魚干不宜炸太久免得過於乾硬，油炸完必須將所有食材全部
撈出放涼，而油脂也涼透再跟食材混合一起浸泡。

Amanda 創意料理

干貝荷包吐司夾

干貝醬也是百搭醬，拌麵條、拌蔬菜，在我家用餐時間總有人想夾一碟配著白飯吃，一個人的午餐，煮些麵條加些蔬菜舀一大勺干貝醬拌上就很美味。

沒味道的蔬菜，汆燙後加入一勺干貝醬，這一碟除了賣相佳味道更不在話下。與蔬菜一起快炒味道自然更香，不過就只能這樣吃嗎？

動動腦把它變化成一道特別的小點心，家族聚會時端上這一道，分享餐會也很適合，除了牙口不好的老人家及幼兒，猜想大家都會喜愛吧。

材料

干貝醬	2 大匙
白吐司	4 片
高麗菜	50g
青蔥	1/2 根
雞蛋	2 顆
麵粉	2 大匙

作法

1. 雞蛋去殼，打散。青蔥去根，洗淨切末。高麗菜洗淨，瀝乾水分，切小丁。

2. 麵粉加 2 大匙水，攪拌均勻成麵糊。

3. 高麗菜、青蔥加入干貝醬拌勻，等候約五分鐘高麗菜軟化。

4. 白吐司去邊，對折成三角型，邊緣預先抹上麵糊。

5. 取 1 大匙高麗菜餡料，擺放吐司對折線上。

6. 吐司對折，按壓捏緊邊緣。全部沾裹蛋液。

7. 不沾平底鍋起鍋，開小火，不必添加任何油脂。

8. 吐司入鍋烘烤，約兩分鐘蛋液凝固再翻面，蛋液熟透即可起鍋。

附注　高麗菜軟化不要等出水。
　　　吐司沾上蛋液必須馬上下鍋。

蒜味辣椒醬

　　炒菜、燒肉不加蒜頭總覺得沒香味，大蒜除了去腥也能增加香氣，因此我的廚房中常備有大量蒜頭，家人又偏愛吃辣自然少不了辣椒，兩種辛香料也常搭配一起烹調。

　　辣椒與大蒜原本就是可生食的辛香料，辣椒種類更是多到我數不清分不明，常用朝天椒跟大紅辣椒，朝天椒只要一根就能讓一大盤菜辣的驚人，大辣椒則幾乎不辣大多為配色用。

　　市售還有一種比朝天椒稍長一些，這種辣度略差一些，不過一整根下鍋炒一盤三人份燒肉也剛好夠味，不會辣到難以下嚥。

　　辣椒與大蒜基本上料理烹調時間不需高溫，也不用長時間熬煮，稍微爆炒就能飄出辛辣味，為了維持辣椒的鮮紅色澤更不可用高溫，免得變成焦黑色。

　　我不喜歡醬煮的太辣，因此會用兩種辣椒調配讓辣度中和，家人還算能吃辣這辣度大約介於中辣左右。

材料：

大紅辣椒 10 根、小辣椒 7-8 根、蒜頭 20 顆、鹽 1/4 匙、植物油 300ml 、香油 1 大匙

作法：

1. 蒜頭洗淨去皮，加入調理機，分段打碎，千萬別持續打會變成蒜頭汁，倒出蒜末。或是用刀子切細碎。、

2. 辣椒分別洗淨，大辣椒切段。兩種辣椒一起加入調理機，一樣分段打碎，免得變成辣椒汁。沒有調理機則使用刀子將辣椒切細碎。、、

3. 起鍋開小火，油倒入，冷油即加入蒜末，推動鍋底避免沾鍋，油溫燒熱會冒出大量油泡。

4. 立即將辣椒末加入鍋中，持續小火，推動鍋底油炸，油再次冒出大量泡泡，持續約二十秒，加入鹽、香油拌勻，熄火。、

5. 立即拿細網漏勺成出鍋裡的蒜末及辣椒末，避免過高油溫將辣椒、蒜末泡焦。

6. 鍋裡油溫略降再加入辣椒蒜末拌勻。

7. 裝填入已烘乾殺菌完成玻璃瓶。

8. 涼透後置入冰箱冷藏室保存。浸漬兩天再食用，風味更佳。

保存期限：
油脂是液體倒扣容易流出，因此無法造成真空狀態，確實冷藏不造成油耗味，未開罐保存期三個月。開罐後保存期一個月，請用乾燥器具取用，每次取用完畢請將玻璃罐口擦拭乾淨。

Amanda 的製作小撇步：

溫油翻炒，香氣才會出現，也不會一下子就把食材給炒焦。
只添加沙拉油香氣較差，加入少許白芝麻香油可增添香味。

Amanda 創意料理

蒜辣海鮮蔬菜捲

蒜味辣椒醬大多用在沾醬，做蒜泥白肉也可直接使用蒜味辣椒醬加醬油膏，水餃、鍋貼、煎包做沾食能提升味蕾享受。
這道醬很少會將它用在料理上，這就來做一道吧，把醬料加入食材做調味，而不再只是沾醬。
蒜味辣椒醬比較燥熱，因此這道料理我採用蒸煮方式避免料理更燥熱。

材料

大蒜辣椒醬	2 大匙
高麗菜葉	4 片
透抽	中型 1 條
鮮蝦	10 隻
嫩薑	1 小塊
青蔥	1 根
植物油	少許
太白粉	1/2 匙
醬油	1/2 匙
麵粉	2 大匙

作法

1. 嫩薑洗淨，切末。青蔥去根，洗淨切末。麵粉加 1 匙水拌勻。

2. 高麗菜小心取下 3 片葉子，洗淨瀝乾。

3. 透抽宰殺乾淨，洗淨瀝乾，紙巾擦乾水分，切小丁。

4. 鮮蝦去殼，牙籤取出腸泥，洗淨瀝乾，紙巾擦乾水分，切大丁。

5. 寬口鍋煮開 1 大碗水，加入 1/4 匙油，大火汆燙高麗菜葉軟化。

6. 取出高麗菜浸泡冷水，撈出瀝乾水分。葉片平舖，梗在上方，刀子平切片薄菜梗。

7. 鮮蝦丁、透抽、嫩薑末、青蔥拌入醬油太白粉及大蒜辣椒醬，此為內餡。

8. 取 1 葉高麗菜攤開，擺入 1 匙海鮮內餡。葉片往前捲裹一圈，兩旁往內收，再往前捲起，邊緣抹上麵糊。

9. 鍋子煮開 1 碗水，擺入架子，高麗菜捲整盤放入，蓋上鍋蓋，大火蒸五分鐘既可。

糖醋醬

　　我家兒子是獨生子，小時後常央求我帶他去速食店找玩伴，那裡不僅有他愛吃的炸雞塊，還有好多小朋友能陪他玩耍，去到速食店總能讓他開心的玩上大半天。

　　速食店的炸雞塊會搭配一小盒酸酸甜甜的「糖醋醬」，這一盒醬料別說孩子們喜愛，就連大人們也很愛，偶爾還會到櫃台多要一盒，這到底是吃雞塊還是吃醬料。

　　這一盒糖醋醬的確很有魅力，以往沒有食安觀念，總認為包裝妥當沒過食用安全期就好，近幾年特別關注食品安全問題，當然也注意到成分。

　　除了濃縮果汁之外，有多少的添加物，吃到嘴裡的到底是不是天然的食物呢？這些物品是不是會讓身體造成更大的負擔，多想一會你就不會吃太多醬料食品。

　　現在也不是都不吃，只是會多思考一會節制一下，有時間就自己動手熬醬，自己做雞塊也不難，熬了醬汁後再動手作一些雞塊給孩子們吃吧。

材料：

蘋果中型 2 顆、無糖蘋果醋 2 大匙、
新鮮甜玉米 1 根、洋蔥 1/2 顆、羅勒 1/4 匙、
白砂糖 1.5 匙、檸檬汁 1-2 大匙、鹽 1/4 匙

作法：

1. 玉米洗乾淨，切下玉米粒約 1 杯。蘋果洗淨
   去皮去籽，隨意切塊狀。洋蔥去皮洗淨，隨
   意切塊狀。Ⓐ、Ⓑ、Ⓒ、Ⓓ

2. 玉米粒置入果汁機加水 300cc，啟動開關完
   全打碎，皮膜不容易打碎會影響口感，取漏
   勺過濾出，只留下湯汁。Ⓔ

3. 蘋果、洋蔥、羅勒，以上食材全部置入果汁
   機再加入玉米汁，完全打成泥狀。Ⓕ

4. 打好蔬果汁倒入鋼鍋，開小火煮開，續煮
   十五至二十分鐘。Ⓖ

5. 加鹽巴，砂糖調味。蘋果醋加入續煮一至兩
   分鐘減輕醋味。Ⓗ

6. 淋下檸檬汁再煮開即刻熄火。Ⓘ

7. 取蒸過殺菌完成的玻璃瓶，填裝，蓋上瓶蓋，
   倒扣十分鐘，使罐子成真空狀態，罐子翻轉
   回來。Ⓙ

8. 等候涼透置入冷藏室。

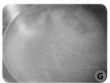

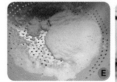

Amanda 的製作小撇步：

使用果泥熬醬容易沾鍋，選用器具很重要，最好使
用厚鋼鍋或耐熱陶瓷鍋。
熬煮十幾分鐘果膠釋放出來可增加黏稠度，因此不
必添加澱粉勾芡。

Amanda 創意料理

香酥雞塊

糖醋醬含有不少果泥，不僅只可以沾雞塊食用，也可以代替沙拉醬拌食新鮮蔬菜，汆燙新鮮海鮮沾食，如鮮蝦、透抽都很適合。

當然以上這些都很簡單一點也不繁瑣，孩子們看到糖醋醬肯定第一要求還是炸的香酥美味雞塊。所以呢？再次挽起袖子準備做雞塊囉。

做雞塊難嗎？一點也不難，自己做才能讓家人吃到新鮮且鮮嫩多汁的雞塊，是真正雞肉做的，而非食品添加物所調配。

材料

雞胸肉1/2片（約400克）	
洋蔥	1/3顆（約70g）
蛋液	2大匙
白胡椒粉	1/4匙
鹽	1/4匙
太白粉	1大匙
地瓜粉	約半碗
油	1/2碗

作法

1. 雞胸肉洗淨擦乾水分，切塊狀再用調理機攪拌成泥。洋蔥切絲再切成細末。

   沒有調理機，把雞肉切條狀再切小丁，最後再用刀來回仔細剁，重複剁至少3遍，成為雞肉泥。

2. 雞肉泥加入洋蔥末、蛋液、白胡椒粉、鹽，仔細攪拌均勻直到水分完全被肉泥吸收，分批加入1大匙太白粉，2大匙地瓜粉，攪拌均勻。

3. 取一盤子倒入半碗地瓜粉。舀1匙雞肉擺入模型中塑型，也可以不塑型。

4. 肉糰放入地瓜粉中，用手捧起地瓜粉蓋上，輕輕按壓調整雞肉糰，取出肉糰抖散多餘地瓜粉，放置另一盤中，全部雞肉裹粉處理好。

5. 平底鍋倒入約半碗油，開中火，油溫升高出現油紋，改中小火，雞肉糰準備下鍋。

6. 小心擺入雞肉糰，先不動，千萬別用鍋鏟按壓，中小火煎炸至兩面呈現金黃色，改中火續煎一會，撈出瀝乾油脂。

7. 使用廚房紙巾按壓雞塊吸油後，再將雞塊擺盤。沾糖醋醬食用。

香菇海苔醬

　　喜愛海苔包裹飯團，不過也常把買回家的海苔擺放太久而潮濕軟化，準備煮湯的海帶芽也常如此，此時只想著盡快把它們全都下鍋煮了。

　　只是一次都煮了肯定是吃不完，那怎麼辦？花點時間，動手為家人熬一鍋健康又營養的海苔醬吧，海苔或是海帶芽都可以這樣作。

　　海苔添加香菇可是絕佳美味，市售品一小罐就接近百圓，同樣成本自己熬煮至少多加一、兩倍份量，喜歡吃多少就挖取多少，不必擔心高物價，更不怕會有化學添加物。

　　熬一鍋美味香菇海苔醬，早餐配稀飯很好吃，雖說這適合小朋友及老人家食用，不過弟弟跟侄子們吃過都很喜愛，可見得健康食物受歡迎程度不分年紀。

材料：

海帶芽 40g、中型香菇 3 朵、醬油 80cc、
嫩薑汁 1 匙、冰糖 1 大匙、柴魚粉、
香菇或昆布粉 2 大匙（選擇一種即可）、水 700cc

保存期限：
玻璃罐成真空狀態，冷藏未開罐
保存期三個月。
開罐後保存期一個月，請用乾燥
器具取用，每次取用完畢請將玻
璃罐口擦拭乾淨。

作法：

1. 香菇洗淨泡水約三十分鐘，洗淨葉脈擠乾水分，去除蒂頭，切絲再切細丁。Ⓐ、Ⓑ

2. 海帶芽泡溫水三十秒膨脹，撈出海帶芽，再放入乾淨水中飄洗一兩次，以防藏有砂礫。擠乾水分，切小丁。Ⓒ、Ⓓ

3. 海帶芽、香菇丁，加水、醬油、冰糖，開中大火煮開即改為中火。

4. 煮的過程偶爾攪拌一下。

5. 持續熬煮到湯汁剩下 1/3 改為小火。隨時攪拌避免沾鍋燒焦。Ⓔ

6. 邊煮邊攪拌且觀察水分，熬到醬收汁成濃稠狀。

7. 加入柴魚粉、香菇或昆布粉、薑汁拌勻，再煮十秒熄火。Ⓕ、Ⓖ、Ⓗ

8. 取蒸過殺菌完成的玻璃瓶，填裝，蓋上瓶蓋，倒扣十分鐘，使罐子成真空狀態，罐子翻轉回來。Ⓘ

9. 玻璃瓶完全涼透，置入冰箱冷藏。

Amanda 的製作小撇步：

海帶芽泡水會發脹好幾倍，要注意用量。
熬煮的醬油可選擇原味，葷食添加些許柴魚粉可增加鮮味，素食則添加昆布粉或
香菇粉，也可直接使用昆布醬油或柴魚醬油。

柴魚粉及香菇粉、昆布粉作法：
柴魚片置入調理機，啟動開關絞碎成粉末即可。
香菇及昆布都先用濕布擦拭晾乾，剪小片，置入調理機啟動開關絞碎成粉末即可。

Amanda 創意料理

海苔醬煎餅

海苔醬配稀飯最對味，還有不一樣的創意吃法，拌麵或者涼拌豆腐。

煮一小鍋開水，加入香菇海苔醬再加少許嫩薑絲，起鍋前灑下蔥末，滴上幾滴香油就是美味海帶湯，想要更豐盛還可打個蛋進去變成海帶蛋花湯。

覺得這樣吃太普通沒甚麼變化，那就試試不一樣的煎餅吧，加上大量蔬菜及菌菇做成薄煎餅，有著蔬菜的香甜，菌菇多醣體，單吃香Q味美，亦可沾食胡椒鹽、辣椒醬或醬油膏。

材料

香菇海苔醬	約 3 大匙
麵粉	1 杯
高麗菜	1 小塊
胡蘿蔔	1 小段
玉米粒	3 大匙
雪白菇	1/3 把
滿天星菇	1/2 把
蔥	2 根
雞蛋	1 顆
白胡椒粉	少許

作法

1. 高麗菜洗淨切丁。胡蘿蔔去皮，刨短絲。蔥去頭尾，洗淨切細末。

2. 雪白菇去根，洗淨切小段。滿天星菇去根，洗淨也切小段。

3. 雞蛋去殼打散加入香菇海苔醬、高麗菜、胡蘿蔔、玉米粒、雪白菇、滿天星菇及白胡椒粉、蔥末攪拌均勻。

4. 麵粉分批加入攪拌，所有食材都能包附到麵糊即可，盡量別再添加水。

5. 平底鍋起鍋，開中火倒入一勺麵糊，整型及抹平表面，煎一會至底部麵糊固定，翻面。

6. 翻面輕壓麵糊，煎一會再翻面，重複翻面兩次以 上煎至兩面都成金黃色澤即可起鍋。

大蒜奶油 椰子醬

　　切下一片法國麵包抹上大蒜醬烘烤，濃郁奶油香夾雜著蒜香味真是讓人垂涎三尺，使用少許椰子油取代奶油又是不同的風味。

　　添加的巴西里又稱為洋香菜，新鮮的比較不容易取得，不必刻意強求新鮮巴西里，可在大型超市買到乾燥罐裝，只不過香味差一些，顏色也沒那麼翠綠。

　　這一道算是最簡單的醬料，完全不必開火也不必加熱，只要把所有食材準備好，再調配一起即可使用，不愛儲存可現做馬上就使用。

　　只不過可別因為香味濃郁而在麵包上塗抹厚厚一層，那可是會吃下過多油脂，醬料雖美味還是要適量，才能在品嚐美味之餘又不犧牲健康。

材料：

蒜頭 15 顆、無鹽奶油 1 小條、椰子油 1 大匙、
新鮮巴西里 1 棵或是乾燥巴西里 1 大匙、
鹽 1/2 匙、白砂糖 1 匙

保存期限：

填裝前沒有加熱因此無法造成真空狀態，冷藏保存期 15 天。
請用乾燥器具取用，每次取用完畢請將玻璃罐口擦拭乾淨。

作法：

1. 蒜頭去皮，冷開水洗淨，取餐巾紙吸乾水分，，攤開晾乾，切片再切成細丁。或直接放入調理機打碎，但是必須保留顆粒狀。**Ⓐ**、**Ⓑ**

2. 巴西里一樣用冷開水洗淨晾乾，取餐巾紙吸乾水分，切碎。使用乾燥巴西里則直接使用。

3. 奶油預先取出室溫下十至二十分鐘，讓奶油自然軟化但是不需要融化。椰子油若冷藏過一樣先退冰軟化。**Ⓒ**

4. 椰子油與奶油加入鹽、細砂糖攪拌均勻，再加入蒜末、巴西里攪拌均勻。**Ⓓ**、**Ⓔ**

5. 取蒸煮過殺菌完成且烘乾的玻璃瓶，填裝，蓋上瓶蓋，置入冷藏保存。

6. 放入冷藏室冰凍成固體即可。

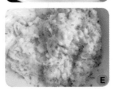

Amanda 的製作小撇步：

所有食材不需加熱直接使用，注意器具衛生。
除了使用器具必須乾燥不含水漬，清洗蒜頭必須使用無菌水更須晾乾再製作。
取用的刀具及湯勺一樣必須乾燥。玻璃瓶必須洗淨經過高溫殺菌。

Amanda 創意料理

奶油醬烤鮮蝦

大蒜奶油醬大多使用在塗抹麵包烘烤，鮮少用在料理上，其實拌海鮮義大利麵也很可口，煮熟麵條拌入適量大蒜奶油醬灑些許細鹽，再多加些蘿勒或是薄荷葉碎末可增添清香。

不過這裡我拿大蒜醬作了另一道簡單的烤箱料理，使用的是鮮蝦，螃蟹與鮮蝦一樣非常適合，海鮮類的透抽也可做這一道烘烤料理。

這裡使用的蝦必須帶殼，草蝦、劍蝦、白蝦或是你想使用龍蝦都可以，差別只在烘烤時間，但是記住別為了把蒜頭烤乾而過度烘烤，把蝦子烤的乾巴巴那可就談不上美味。

材料

大蒜奶油椰子醬	2 大匙
帶殼白蝦	300g
鹽	1/4 匙
薄荷	3 片
檸檬	1/2 個

作法

1. 鮮蝦剪掉觸鬚，洗淨瀝乾，紙巾按壓吸乾水分。擺放烤盤均勻灑上細鹽。薄荷葉洗淨切碎。

2. 湯匙推抹奶油醬於鮮蝦上，外殼均勻刷上一層醬。灑上薄荷葉。

3. 烤箱 150 度預熱十分鐘。

4. 鮮蝦置入烤箱，150 度烘烤十二至十五分鐘，鮮蝦熟透，大蒜奶油飄出香氣。

5. 食用前可擠少許檸檬汁，增香也去腥。

附注
溫度及時間請視鮮蝦大小作調整。
大型蝦先將蝦背用刀劃開較容易入味。

地瓜椰子醬

　　飲食多樣化的時代，反倒充斥著各種不健康的食物，購買方便的醬料都得細看成分，免得多了不健康的添加物，身體造成更大的負擔。

　　若說要講究養生，自然得自己動手作，首先得挑選新鮮天然的食材，更重要是無毒種植。

　　地瓜是公認健康又養生的食材，料裡更是容易，不論蒸煮烤炸都十分美味，不過地瓜就只能這樣吃嗎？

　　把地瓜熬成醬，可以更方便使用在餐點上，尤其在忙碌的清晨，要想蒸一條地瓜當早餐，時間總是不夠。

　　我一直很喜愛地瓜三明治，取一些地瓜泥，一顆荷包蛋，一點碎堅果，少許生菜或水果，這樣一份早餐，不但美味也兼顧營養，有了地瓜醬作一份三明治只要幾分鐘就能輕鬆完成。

材料：

地瓜 600g、鹽 1/4 匙、椰子油 3 大匙、
水 900cc

保存期限：
玻璃罐成真空狀態，冷藏未開罐
保存期三個月。
開罐後保存期一個月，請用乾燥
器具取用，每次取用完畢請將玻
璃罐口擦拭乾淨。

作法：

1. 地瓜洗淨，刨刀削去外皮，去皮後馬上浸泡
   水中避免氧化。Ⓐ、Ⓑ

2. 準備好 900cc 水，地瓜刨成絲隨即浸泡水
   中。Ⓒ

3. 地瓜與水擺上火爐，加鹽 1/4 匙，開中大火
   煮滾。改中小火熬煮地瓜。Ⓓ、Ⓔ

4. 水剩下約 2/3 即改為小火或是微火。

5. 持續攪拌地瓜直到水完全收乾，地瓜成泥
   狀，熄火。

6. 趁熱加入椰子油攪拌均勻。不敢吃椰子油可
   改用橄欖油或 100% 葡萄籽油。Ⓕ、Ⓖ

7. 取蒸煮殺菌完成的玻璃瓶，填裝，蓋上瓶
   蓋，倒扣十分鐘，使罐子成真空狀態，罐子
   翻轉回來。Ⓗ

8. 玻璃瓶完全涼透，置入冰箱冷藏。

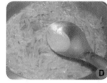

Amanda 的製作小撇步：

地瓜含鐵量高糖分也高，去皮後一定要馬上浸
泡水中，除了避免氧化，也能維持漂亮色澤。
熬煮必須隨時攪拌才能避免沾鍋，尤其是鍋底
更需要注意。
添加的油脂非必需品，但是能夠增加滑潤度。

地瓜蘋果捲

熬好的地瓜醬除了可以抹吐司麵包，夾白饅頭，也可以做地瓜包或與簡單料理搭配。

煎個蛋餅抹上一點地瓜醬當夾心餡，包飯糰也好吃，熱食涼食都通用。

地瓜醬夾土司是我的懶人早餐作法，一吃好多天也會吃膩，那該怎麼辦呢？

選擇酸酸甜甜的蘋果丁加入地瓜中，除了綜合味道，也能吸引不愛吃地瓜的小朋友。

只要動些心思加點小創意，讓這個健康醬料變成好吃的小點心，你也可以創造出家人喜愛的私房點心。

材料

地瓜醬	3 大匙
蘋果	半顆
大餛飩皮	10 張
麵粉	1 大匙
水	1 大匙
油	2 大匙

作法

1. 蘋果去皮去籽，切丁。
2. 地瓜醬拌入蘋果丁。
3. 麵粉加水調成麵糊。
4. 取 1 片餛飩皮，挖取 1 匙蘋果地瓜醬塗抹於中央，邊緣留下 1cm。
5. 將餛飩皮捲裹起來，邊緣塗上麵糊，兩邊再按壓一下讓皮沾黏住。
6. 平底鍋加入兩匙油，開中小火，蘋果捲擺入，封口朝下，油煎外皮金黃。
7. 撈出瀝乾油脂，可用廚房紙巾吸附油脂。

※ 這是較為單純作法，若想再裝飾一下，可於上面刷上少許焦糖，灑上白芝麻。

焦糖作法：

1. 不鏽鋼鍋倒入砂糖 3 大匙，不加水，微火加熱，木勺持續輕輕攪拌，注意別燒焦，直到砂糖融化成液體。
2. 持續攪拌再煮約十至二十秒有焦香味飄出，此時砂糖溫度極高，後續加水要小心。
3. 緩慢倒入 200cc 水，剛剛融化的糖漿會再次變成固體，水再滾開融化成液體，小火續煮約五分鐘，糖液濃稠即可。

香菇素蠔油

　　我雖是葷食者，從小卻跟著媽媽吃早齋，並非家人刻意給我們吃素食，小孩子也不懂這些，總是媽媽準備甚麼我們就吃甚麼。

　　當時早餐幾乎都是米飯跟稀飯，清晨到住家旁的雞舍現收雞蛋馬上煎荷包蛋，還有豆腐乳、蔭瓜、鹹鳳梨這幾款醃漬品輪替著，除此之外最常吃汆燙蔬菜沾食醬油膏，而吃白米飯時還會搭配一鍋高麗菜味噌湯。

　　清爽蔬菜沾食醬油膏就很美味，那個年代我還沒聽過蠔油這類醬料，但後來發現「香菇素蠔油」適合吃素者，而且味道也很清爽，我幫媽媽添購可以跟醬油膏交替者使用，不過後來我只要有時間會幫她熬醬，自己熬的才是真材實料。

　　用了不少香菇熬才聞得到香味，熬過的香菇幾乎沒味道了不過還是可以食用，千萬別丟棄，切絲加蔬菜拌炒，或者與根莖類、肉類加些醬油一起滷，一樣美味也很下飯。

材料：

香菇 50g、黑豆醬油 5-6 大匙、砂糖 1 匙、
在來米粉 3-3.5 大匙

保存期限：

玻璃罐成真空狀態，冷藏未開罐
保存期三個月。
開罐後保存期一個月，請用乾燥
器具取用，每次取用完畢請將玻
璃罐口擦拭乾淨。

作法：

1. 香菇洗淨，泡水 1000cc 一小時，撈出香菇
   瀝乾水，水留用，香菇切塊。

2. 香菇水加香菇蓋上鍋蓋，中大火煮開，改小
   火燜煮四十分鐘，水剩約 1/2。

3. 取漏勺撈出全部香菇，盡可能把含在香菇裡
   的水擠乾，香菇不再使用。

4. 煮好香菇水加入黑豆醬油、砂糖，小火煮
   開。

5. 在來米粉加水 3 大匙拌開，分批緩慢加入香
   菇水中勾芡，邊加邊攪拌成有點稠的醬汁。
   水再次滾開即可熄火。

6. 取蒸煮殺菌完成的玻璃瓶，填裝，蓋上瓶
   蓋，倒扣十分鐘，使罐子成真空狀態，罐子
   翻轉回來。

7. 待溫度完全降低置入冰箱冷藏保存。

Amanda 的製作小撇步：

使用的醬油如果品質好入口甘甜，在此可不必添加
砂糖，我使用手工黑豆醬油，有豆香且甘甜因此未
添加砂糖。
勾芡動作要慢不能急，注意香菇蠔油濃度，比羹湯
再稠一點即可，不可太過濃稠。

Amanda 創意料理

生菜香酥魚

香菇蠔油雖是素食,其實很適合飲食清淡者,我時常用在拌炒蔬菜,炒飯需要醬油也可用素蠔油,也可以用在油炸食物或氽燙蔬菜沾食。

沒人規定素蠔油就一定得用在素食料理,家人都愛吃魚或肉,思索著就用魚做主菜吧,正好前些日子台灣鯛被他國莫名打壓造謠,想幫助漁民就拿台灣鯛來做這道料理。

這是一道很簡單的葷食,沒有過多調味更能顯現出這魚肉的新鮮味美。料理方式與生菜蝦鬆相似,不過更簡單而且美味不減。

材料

台灣鯛魚	1 片
香菇素蠔油	2 大匙
生菜	4-5 片
紅黃甜椒	各 1/4 個
芹菜	1/2 棵
黑胡椒	少許
油	1 大匙

作法

1. 鯛魚片洗淨,平底鍋起鍋開中大火,倒少許油,魚下鍋煎一會改中小火,再翻面約兩次,煎熟魚片盛出,用湯匙壓碎魚肉。

2. 生菜取下一整葉洗淨瀝乾,邊緣嫩葉剪除,留下梗較清脆部位約直徑 10cm。

3. 甜椒洗淨,挖除中心的籽,甜椒切小丁。

4. 芹菜去葉,洗淨瀝乾,菜梗切末。

5. 生菜擺盤,加入魚肉、甜椒丁,灑少許黑胡椒粒,均勻淋下香菇素蠔油,灑芹菜末。

附注 生食蔬菜,最後一次一定要使用過濾水或冷開水清洗。

泰式酸辣 海鮮醬

　　天氣炎熱或食慾不佳總想吃點酸辣食物開胃，做一道涼拌菜也要準備不少配料，泰式酸辣又跟台式酸辣調味有些差異，唯一相同的是都能夠讓味蕾清醒。

　　醬的作法不難，有濃稠度，果香中帶有酸、鮮、甜、辣，另有一種是不熬煮，就主要食材跟魚露拌一拌，只是這種是水水的也少了果香。

　　許多人不敢吃魚露，因為很腥也很鹹，其實加入其他食材拌過不但沒了腥味還會多出鮮味，也因為魚露很鹹，大多不必再加入鹽或是醬油做調味。

材料：

蒜頭 30g、辣椒 5g、薑 5g、蘋果 1/2 顆、
魚露 2 大匙、檸檬汁 3 大匙、無糖蘋果醋 3 大匙、
糖 2 大匙、水 350cc

保存期限：
玻璃罐成真空狀態，冷藏未開罐
保存期三個月。
開罐後保存期一個月，請用乾燥
器具取用，每次取用完畢請將玻
璃罐口擦拭乾淨。

作法：

1. 蒜頭去皮洗淨瀝乾水分。辣椒洗淨。薑刷洗
乾淨。蘋果洗淨，去皮切塊。Ⓐ

2. 蘋果與薑、辣椒一同放入果汁機，加水
300cc 打成泥狀，倒入陶瓷鍋。Ⓑ

3. 蒜頭單獨放入果汁機，加水 50cc 打成泥狀。

4. 蘋果泥汁開小火煮開，熬煮十分鐘，果泥容
易沾鍋必須攪拌。Ⓒ、Ⓓ、Ⓔ

5. 熬煮十至十二分鐘後，加入魚露及蘋果醋、
糖，再煮一分鐘。

6. 加入蒜泥水、檸檬汁，水再煮開馬上熄火。
Ⓕ

7. 取蒸煮殺菌完成的玻璃瓶，填裝，蓋上瓶
蓋，倒扣十分鐘，翻轉回來。Ⓖ

8. 完全涼透置入冰箱冷藏。

Amanda 的製作小撇步：

這道醬要酸才好吃，因此使用的蘋果醋跟檸檬
汁不能太少，辣椒則可自行作增減。
加醋後再稍微煮過，醋的嗆味才會消失。
蒜頭特有的蒜味不適宜久煮，否則味道會變
淡，因此得最後才下鍋，且必須快速起鍋。

Amanda 創意料理

酸辣生菜蝦捲

泰式料理不是辣就是酸，煮好一瓶醬就能隨你應用，月亮蝦餅、生菜捲、新鮮海鮮只要汆燙不必特別料理，沾一點酸辣海鮮醬就很美味，當然拌沙拉也好吃。

生菜蝦捲用的是越南春捲皮，先不論這料理屬哪個國家，蝦捲沾食海鮮醬就是很對味，而且包裹的食材都屬低脂低熱量，不僅好看好吃也有飽足感，可說是怕胖及減肥者最愛的食物。在蝦捲裡面多加了蒟蒻可以增加飽足感，不過蒟蒻大多有很重的鹼味，處理方式很簡單，只要用醋水煮過就能把鹼味去除，口感也會變得更好。

材料

海鮮醬	3 大匙
帶殼鮮蝦	9 隻
生菜	3 片
蒟蒻絲	1 小把
生菜葉	3 片
九層塔或薄荷葉	9 片
越式春捲皮	3 片
薑	2 片
醋	2 大匙

作法

1. 鮮蝦洗淨瀝乾。生菜及薄荷葉用冷開水洗淨瀝乾。生菜剝塊狀。

2. 煮開 1.5 碗水加入 2 大匙醋，蒟蒻絲加入，中火煮十分鐘，撈出放涼。

3. 煮一鍋水加薑片，水滾開放入鮮蝦，蝦外殼轉紅再燙幾秒即可，撈出涼透再去殼。

4. 刷子沾冷開水沾濕整片春捲皮。擺放一會濕潤軟化再使用。

5. 春捲皮由中心點分成兩部分，周邊留下空白，前面放幾塊生菜，擺上少許蒟蒻絲，另一端均勻間隔擺上鮮蝦，九層塔擺鮮蝦上。

6. 春捲皮邊緣蓋上蒟蒻絲，往前捲蓋上住鮮蝦，兩邊往內收，再往前捲即完成生菜蝦捲。生菜蝦捲沾海鮮醬食用。

甜辣醬

從小到大吃粽子不是淋上醬油就是醬油膏，有一年端午節，電視廣告突然出現紅色「甜辣醬」淋在粽子上看起來好美味，它的出現好像是為了粽子，從此這醬就幾乎跟粽子劃成等號。

不管是南部水煮粽，北部蒸油飯粽，好似一定要加甜辣醬才好吃，廣告是這麼介紹，到了南部粽子攤還是古早味的醬油膏灑上花生粉，我還是偏愛這種古早味。

我家粽子不加甜辣醬，反而煮蘿蔔甜不辣湯時喜愛甜辣醬加些醬油膏做沾醬，雖然跟甜不辣醬不同，這樣的醬有些甜，有點辣，再加點鹹味一樣很對味。

醬料應用的確視各人喜好沒有硬性規定，就像有人愛吃辣，覺得辣味夠才美味，有人愛吃鹹，食物不鹹就覺得沒味道。

材料：

大紅番茄 3 顆約 300g、小紅辣椒 1/2-1 條、
洋蔥一顆約 200g、檸檬汁 1 匙、鹽 1/4 匙、
白砂糖 1 大匙、在來米粉 2 大匙、西洋香菜 1/4 匙

保存期限：

玻璃罐成真空狀態，冷藏未開罐
保存期三個月。
開罐後保存期一個月，請用乾燥
器具取用，每次取用完畢請將玻
璃罐口擦拭乾淨。

作法：

1. 番茄洗淨，畫十字刀，煮 1 大碗水汆燙番茄，
   取出番茄去皮，切除蒂頭。、

2. 小紅辣椒洗淨，切除蒂頭。洋蔥去皮，洗淨
   切塊。

3. 在來米粉加冷水 2 大匙拌開。

4. 番茄、辣椒、洋蔥置入果汁機加水 300cc 打
   碎。

5. 果汁倒入小湯鍋，放置瓦斯爐上，開中火煮
   開。

6. 改小火熬煮，使用木匙或鋼制湯匙持續攪拌
   避免沾鍋。

7. 煮約十至十五分鐘醬汁略為變稠，加入鹽、
   砂糖調味。

8. 分批淋下在來米水，快速攪拌，一邊觀察成
   薄糊狀，加入檸檬汁再煮開即可熄火。

9. 趁熱取蒸過殺菌完成的玻璃瓶，填裝，蓋上
   瓶蓋，倒扣十分鐘，使罐子成真空狀態，罐
   子翻轉回來。

10. 等候涼透置入冷藏室

Amanda 的製作小撇步：

很簡單的醬料，辣度可自行做調整，怕辣改用不辣的大辣椒做調味，嗜辣
者可用朝天椒。
起鍋前加入少許檸檬汁可增添風味。

Amanda 創意料理

醬拌鮮蚵

麵攤的黑白切大家都吃過吧？沾點蒜蓉醬油膏就很美味，偶爾換換口味，甜辣醬拌上少許醬油膏，沒有蒜味不怕口臭，而且也更適合小朋友。

煮一鍋白蘿蔔排骨湯，加些甜不辣、油豆腐、米血糕、貢丸，準備甜辣醬與醬油膏約 2：1 比例調勻做沾醬，自製關東煮味道也不差。

想過用甜辣醬拌海鮮嗎？拌鮮蚵、透抽，清燙花枝、鮮蝦也可以用甜辣醬做沾醬，不用醬油膏改用醬油試試看。

材料

鮮蚵	300g
甜辣醬	2 大匙
薑泥	1/6 匙
蒜泥	1/6 匙
蔥	1/2 根
地瓜粉	1/2 匙
鹽	1/2 匙
醬油	1/4 匙

作法

1. 鮮蚵加鹽 1/2 匙拌勻，抓出髒汙，清水洗淨，擺放漏勺瀝乾水。

2. 蔥去根去尾，洗淨切末。

3. 鮮蚵拌入乾地瓜粉，備用。

4. 鍋子煮開 1.5 碗水，改小火，鮮蚵一顆顆放入，暫時擺著不動。

5. 改中火煮開續煮十秒，推動鮮蚵，煮熟撈出，瀝乾水，放涼。

6. 甜辣醬加醬油、薑泥、蒜泥、蔥花拌勻、加入燙熟鮮蚵，輕輕拌勻，擺盤再灑上剩餘蔥花即可。

蘑菇醬

　　學生時期要吃牛排談何容易，自然也不知道蘑菇醬這種西式醬料，第一次踏入牛排館就對黑胡椒醬跟蘑菇醬印象深刻，從此也把它們跟牛排連結在一起。

　　後來早餐店出現鐵板麵一樣是這兩種醬料，簡單的分別嗜辣者挑選黑胡椒，怕辣自然就選擇蘑菇醬，雖然主角是蘑菇不過醬裡面添加的香料食材也不少。

　　每回熬黑胡椒醬就又想熬一鍋蘑菇醬，不能吃辣或是想換個口味時就能派上場，料理時偶爾還會同時加入兩種醬，家人總猜不著到底加了甚麼調味料。

　　認真說來兩種醬作法大同小異，主食材不同呈現的自然也是不完全一樣的香味。調味上也可依各人喜好作增減。

材料：

奶油 1 大匙、蒜頭 10 顆、洋蔥 2 顆、
蘑菇 11-15 顆、番茄 1 大顆、高湯或水 500cc、
月桂葉 2 片、鹽 1/4 匙、糖 1 匙

作法：

1. 蒜頭拍開去皮，切片或剁細末。洋蔥去皮切
   小丁。蘑菇洗淨切薄片。Ⓐ、Ⓑ、Ⓒ

2. 番茄汆燙去皮去除蒂頭，置入調理機打成
   汁。Ⓓ、Ⓔ

3. 不沾鍋開小火，加入奶油煮融化，放入蒜末
   炒香。洋蔥丁加入翻炒出香氣。Ⓕ

4. 蘑菇片加入繼續用小火翻炒，將蘑菇炒軟。
   Ⓖ

5. 高湯倒入鍋裡，加番茄汁，月桂葉及炒好的
   洋蔥蘑菇。Ⓗ

6. 中火煮開，小火熬煮三十分鐘。食材熬煮完
   全熟軟，撈除月桂葉，加鹽巴、砂糖調味。
   Ⓘ、Ⓙ

7. 濃稠度如果不夠，玉米粉 1 大匙加水 1 大匙
   拌勻，淋下攪拌均勻即可。

8. 取蒸煮殺菌完成的玻璃瓶，填裝，蓋上瓶
   蓋，倒扣十分鐘，使罐子成真空狀態，罐子
   翻轉回來。Ⓚ

> **附注** 如果用來拌義大利麵或是炒鐵板麵，可再
> 炒過洋蔥後添加絞肉 100g 炒熟再熬煮。

保存期限：
玻璃罐成真空狀態，冷藏未開罐
保存期三個月。
開罐後保存期一個月，請用乾燥
器具取用，每次取用完畢請將玻
璃罐口擦拭乾淨。

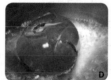

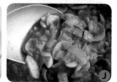

Amanda 的製作小撇步：

使用高湯煮醬會比單只加水味道更好。
香料適量就好，過量反倒會造成反效果。

Amanda
創意料理

醬蒸豆腐

蘑菇醬一直是肉排類最佳沾食醬料，也是炒鐵板麵必備，孩童大多會喜愛蘑菇醬，不一定用來炒鐵板麵，試看看拌台式乾麵或是義大利麵，兩款各是不同風味。

或許也有人拌過白米飯吧，會是甚麼味道呢？找機會試看看就知道囉。料理就是這麼好玩，何必一成不變呢，隨時都可能做出一道特別有創意的私房料理。

沾食肉排或炒麵吃會膩嗎？換個花樣，蒸一盤豆腐如何？

材料

蘑菇醬	3-4 大匙
板豆腐	1/2 個
鮮香菇	5-6 朵
火腿	2 片
鹽	1/4 匙
油	少許
香菜	1 棵

作法

1. 準備水約 500cc 加鹽 1/4 匙攪拌成鹽水，豆腐浸泡鹽水冷藏一小時。

2. 取出豆腐放置細網漏勺上，壓碎豆腐擺放約半小時濾掉多餘水分。

3. 鮮香菇洗淨，梗切下，香菇斜切 2 至 3 片。火腿對切兩刀。

4. 取一中型碗刷上一層油，底部擺上一層香菇片，往上一層擺放火腿片。

5. 豆腐泥加入蘑菇醬攪拌均勻。填塞入擺飾香菇的碗中按壓緊實。

6. 準備蒸鍋，水煮開擺入香菇豆腐，碗上附蓋保鮮膜或盤子避免水氣滴入，中火蒸十五分鐘。

7. 取出蒸好香菇豆腐，扣上準備裝盤的大平盤，反扣回來再擺上香菜即可。

【後記】

爸爸，
你現在好嗎？

　　編寫這本書時，父親重病而後辭世，這段期間書稿中只要提到他，就會無法繼續的大哭不止，無法思考再寫下去，經過八個月我再次鼓起勇氣寫這篇文章，依然是邊寫邊掉眼淚。

　　父親生性木訥不愛多話，也是個天生愛勞動的人，曾經大過年沒事做還跑到田裡晃，他更是個善心的人，在路上只要見到石頭及障礙物，擔心這會造成其他車輛行車安全，他會停下機車先把障礙物移走，不管他多趕時間總會先做好這事再走。

　　他是農夫也是鋪柏油老師傅，跟媽媽兩人時常跟著工程車到處工作，大多是在鄉下近郊或深山，偶爾也會在市區，深入山區工作常聽聞哪一戶生活貧困，他二話不說掏出口袋所有的錢，請媽媽送到那戶人家手中，他總說能幫一點就盡力而為，不幫自己心裡過意不去，畢竟自己還能勞動，生活也過得還算不差。

　　記憶中他很嚴肅不愛笑，對我們的教養是一個口令一個動作，他呼喊我們要是晚到不會被打但是會被罵，也因此小時候我們總是跟他有些距離，但是他對我們可是疼愛有佳，清晨採收蔬菜運送到村口傳統市場販售，回程總會採買水果回家餵食這群孩子，數量多到至少三到七天才吃得完。

　　媽媽生病後雙腳電療導致無力，爸爸對她的照顧更是無微不至，家事不假他人手全都一手包，就是不讓媽媽做，也不捨孩子們太辛苦，自己都生病了，還堅持自己下廚，每次我回娘家要幫他做，他總說別都我做會太累，只允許我做飯、擦地板，幫他們跑腿，洗衣晾衣還是他自己來。

　　他就是這樣默默的為這個家庭付出從不喊累，直到自己病倒了才肯放下田園裡的工作，此時他已經高齡七十三。從年輕到老一直在工作，只陪著媽媽在台灣旅遊一、兩次，就連數次飛到澎湖、金門都還是為了工作。

　　原以為他真的能停下來好好休息安享晚年，沒想到還得忍受病痛折磨，看他如此痛苦，當子女的我們唯一能做的就是盡可能讓他少受罪，雖然醫師早建議他住進安寧病房，我們了解他喜歡在家裡不受拘束，還是接他回家。

　　除了有媽媽陪伴，也安排隨時有人在身旁照顧，兄弟姊妹也商量好萬一大限來臨時，只要正當急救，千萬別幫他電擊或插管，為他留下最後一點尊嚴好好好離去。

　　我回家陪伴約十日，打算中秋過後北上進棚拍攝最後一批料理把書完成，中秋前他就比較少下床偶爾會呼吸困難，在家照護醫院安排護士兩日來家中一趟觀察及教導，當下要我們趕緊租一台氧氣機，也叮囑我們要當心，午睡及晚上睡前都會幫他打開氧氣機，白天只要見他呼吸不順暢也會隨時打開，朋友私下跟我說先別北上，看來時日不遠了。

　　這一切來得太快，中秋一早七點幫他關了氧氣，為他洗臉準備拿牛奶讓他吸食，見他呼吸非常急促，一度還用嘴呼吸，我趕緊又幫他套上氧氣，見他和緩些，侄子剛好回家幫忙，我拿少量開水幫爸爸濕潤口腔，接著準備讓侄子接手。

　　此時發現爸爸情形不對了，趕忙打電話要弟弟回家，媽媽聽到房間一陣亂喊著趕快叫救護車。到院沒多久醫院就宣判無法救治，從此爸爸真的離開我們，而這一天是中秋節，也是爸爸的忌日。

　　他辭世兩日後廚房突然飛來一隻蝴蝶，隨時停在牆上，每當我做菜時他就停在一旁，直到我料理結束又飛回牆上，當下覺得是爸爸回家了，以前他就習慣看我做甚麼菜，他教過我的還會特別注意有沒做錯。

　　當晚妹妹與弟媳同時夢見爸爸，爸只對妹妹笑沒說任何話，妹說爸的笑容是她這輩子從沒見過，是非常開心的笑，我想他是笑妹妹傻，他現在拖離病痛很開心要妹妹別再掛心。

　　而弟媳的夢境卻是爸爸要她好好照顧媽媽，我想因為弟媳一直在家擔任照顧他們的角色，也是他最放心最能寄託的人。

　　媽媽很懊惱爸沒託夢給她，我也沒有啊，想必是爸知道我跟妹不一樣，對於生死比較能看開。

　　一日媽媽說蝴蝶跟她進廁所，我們更加深信是爸爸怕她跌倒所以跟進去，因為平常媽媽走比較遠的路爸爸會扶著他，後來發現蝴蝶又飛出停在牆上，那麼多天不吃不喝活力還很好，真的好神奇。

　　蝴蝶在廚房停到到第七日才飛到前方靈堂旁花架上，當時我們正為了媽媽不肯搬到弟弟家住而煩惱，想必是爸知道鄉代主席（我的遠房堂哥）會來勸導媽媽吧，聽到媽答應搬，蝴蝶隨即飛走往檸檬果園而去，稍晚弟媳跟侄子證實在檸檬園前面見到這隻蝴蝶。

　　這段期間好多無法解釋的事情斷續發生，我一直很相信靈異，神奇的是從爸爸離世到出殯前家中隨時都有蝴蝶，那隻飛走不到十分鐘就見到飛進一隻黃色小蝴蝶，稍晚不管是屋裡、供桌上，花架上隨處可見蝴蝶，出殯當日媽媽說棺木推出去時見到蝴蝶跟在後頭飛出去，至此家中再也不見蝴蝶進入。

103 年 2 月 22 日 ────────────

　　父親離世五個多月，我終於夢見他。

　　夢中我跟老公在娘家樓上，姪子們在樓下開心喊著阿公回家了（夢中

他自己去台北看醫生）夢果然不可能是真實，爸生病後從不曾自己到醫院看病，更不可能跑到台北來。

我聽到爸回來了高興得從樓上飛奔下樓。

夢中的他與病前一樣看起來很健康。他從屋外進來依然戴著口罩，但是臉頰就跟生病前一樣豐腴。他直接走進房間，怪的是房間居然有張椅子，爸爸坐下媽媽也在一旁（忘記是站或坐）我們一直期待他回家，見到一家大小都在父親開心的對著我們笑了。

這是對他的思念造成的夢境，我自己對這夢解釋，希望他健康因此夢中見到的他很健康也很快樂。

此時才想起爸爸拿手的料理、醃漬及菜乾我還沒完全學會，他的廚藝真是了得，只要品嚐過就能抓到料理六、七分精隨，許多市售的小吃他都會做，也會隨著季節更換食材。

他辭世幾個月，媽媽提起爸爸很會曬菜乾，才想起我怎都沒學到這傳統技術，此時再說甚麼也來不及了。

幸好媽媽說有幾道她常跟著爸爸一起做因此還記得，正好高麗菜很便宜而弟弟們也非常喜歡吃高麗菜乾，我們採購兩箱高麗菜，媽媽邊指導邊幫著我，一起完成高麗菜乾。

近期也持續把媽媽教授給我的記錄下來，希望有機會我也能學會爸爸拿手的菜乾製作。

僅以這本書，紀念我的父親，

謝謝他傳承給我的一切，

他樸實、踏實、自然的天性，不僅用在生活中，

同時也在我的食譜中呈現著，

希望大家都能吃到最天然、最真實的食物原味。

Amanda

定價：599元

《實用中藥學：詳細介紹427種藥材、藥方與152種常備用藥》

吳棟／吳煥 ◎著

中藥來自天然，一般毒副作用較少

中醫在國際醫學研究上愈來愈受到重視，且深受使用者青睞。近年來隨著難治病譜的改變，健康觀念的擴充，醫學模式發生了重大的變革，醫學的目的由防病治病轉向維護健康，自我保健及治未病等。

定價：250元

《50歲以後，不要吃碳水化合物：不生病、不失智、不衰老的養生法》

藤田紘一郎◎著　　李毓昭◎譯

日本熱銷 15 萬本！
因諾貝爾獎備受關注的「端粒」，你一定要知道的 65 種飲食法！

50 歲開始改變飲食方式，就能健康活到 125 歲。 隨著年齡的增長懂得身體的需求，才是養生之王道。 因應食安問題，本書強調並提供各種天然食物的選法、作法、吃法，可靠又健康。

定價：350元

《從臉看男人女人》

李家雄◎著

從臉看性趣、從臉看健康、從臉來養生！
如何看男人女人，從臉見眞章。

本書以中國醫學《黃帝內經》爲基礎，融合筆者豐富的臨床實務，臉上聚焦，體會五官在動靜之間的奧妙。

定價：280元

《中醫教新手父母育兒經》

吳建隆◎著

生得好，也要養得好
──中醫全方位打造孩子健康的好體質

本書集結作者多年在內兒科看診的中醫經驗，針對孩童從出生到青春期各階段可能遇到的照顧問題，提供新手父母全方位的衛教知識，並用溫和、少副作用的中醫穴道按摩與食療來促進孩子的體內健康，讓孩子從小頭好壯壯，打好「登大人」的良好基底。

定價：320元

《莊靜芬醫師的無毒生活》

莊靜芬◎著

無毒，是一種健康態度、一種生活文化。

莊靜芬醫師以她親身實踐的無毒生活，
分享她的飲食健康吃、按摩輕鬆捏、
美容開心做、美學自然學。

定價：280元

《免疫傳輸因子》

亞倫·懷特◎著　　劉又菘◎譯

一般營養素，能增加體內作戰部隊的士兵數量。
而傳輸因子，確能完整提供關於敵營戰況與佈署的機密情報！

傳輸因子是一種免疫訊息分子，能教育、提升並修復平衡人體的
免疫系統，具有恢復人體免疫智慧，讓失衡、錯亂的免疫系統回
復原有的敵我辨識與正確防禦的能力。

定價：250元

《當醫生罹癌時》

楊友華◎著

該開刀、化療、還是放射線？
讓醫師用實際經驗告訴你正確的觀念與作法。

醫生不只醫病，也會被醫！這是本病人和醫生都受用的癌症指引
書。 母親死於乳癌，身為癌末病人家屬的楊友華醫師，深知癌症
患者求診時的不安，並以醫療人員的角度提供懇切的叮嚀。

定價：290元

《養胎，其實很簡單》

章美如◎著

懷孕、坐月子及產後調理大秘笈
懷孕婦女必讀的養胎聖經

享譽中、日的防癌之母莊淑旂博士之外孫女、養胎達人章美如老
師生三胞胎，親身體驗獨特又有效的「莊淑旂博士養胎及坐月子
方法」，得到驚人的印證，體質得到改善。因此章美如老師特將整
套完整的養胎法訴諸文字與圖片，與所有讀者分享神奇的養胎法。

國家圖書館出版品預行編目資料

30分鐘動手做健康醬 / Amanda著；. －－ 初版. －－ 臺中
市：晨星，2014.10
　　面；　公分. －－（健康與飲食；82）
　ISBN 978-986-177-904-1（平裝）

1.果醬　2.調味品　3.食譜

427.61　　　　　　　　　　　　　　　　103012624

健康與飲食 82

30分鐘動手做健康醬

作者	Ａｍａｎｄａ
攝影	陳 怡 璋
主編	莊 雅 琦
特約文編	何 錦 雲
校稿	吳 怡 蓁
美術編輯	曾 麗 香
封面設計	陳 其 輝

負責人	陳銘民
發行所	晨星出版有限公司
	台中市407工業區30路1號
	TEL：(04)23595820　FAX：(04)23550581
	E-mail: health119@morningstar.com.tw
	http://www.morningstar.com.tw
	行政院新聞局版台業字第2500號
法律顧問	甘龍強律師
承製	知己圖書股份有限公司　TEL：(04)23581803
初版	西元2014年10月30日

郵政劃撥	22326758（晨星出版有限公司）
讀者服務專線	（04）23595819＃230

印刷	上好印刷股份有限公司 ·（04）23150280

定價 260 元
ISBN 978-986-177-904-1
Published by Morning Star Publishing Inc.
Printed in Taiwan

407
台中市工業區30路1號

晨星出版有限公司

填回函・送好書

填妥回函後附上 50 元郵票寄回即可索取

《全球樂活潮》

希望能創造較好而不是較新的生活；
如果有助於環保或防止地球暖化，
願意多付稅金或購買較昂貴的商品；
認為施政或政府支出的重點應該放在兒童教育和健康、
地區再造和創造永續的地球環境上。
你有以上的樂活特質嗎？

特邀各科專業駐站醫師，為您解答各種健康問題。
更多健康知識、健康好書都在晨星健康養生網。

http://health.morningstar.com.tw

晨星健康養生網